高等职业教育创新型教材

Photoshop 平面图像处理实例教程

钱 伟　陈丽娟　左 力　胡志刚　主编

设计软件教师协会　审

北京理工大学出版社

BEIJING INSTITUTE OF TECHNOLOGY PRESS

图书在版编目（CIP）数据

Photoshop 平面图像处理实例教程 / 钱伟等主编. —北京：北京理工大学出版社，2013.1（2021.7 重印）

ISBN 978-7-5640-7091-5

Ⅰ．①P… Ⅱ．①钱… Ⅲ．①图象处理软件 Ⅳ．①TP391.41

中国版本图书馆 CIP 数据核字（2012）第 292581 号

出版发行 / 北京理工大学出版社有限责任公司

社　　址 / 北京市海淀区中关村南大街 5 号

邮　　编 / 100081

电　　话 /（010）68914775（办公室）

　　　　　（010）82562903（教材售后服务热线）

　　　　　（010）68948351（其他图书服务热线）

网　　址 / http://www.bitpress.com.cn

经　　销 / 全国各地新华书店

印　　刷 / 天津久佳雅创印刷有限公司

开　　本 / 787 毫米×1092 毫米　1/16

印　　张 / 16.5

字　　数 / 385 千字

版　　次 / 2013 年 1 月第 1 版　2021 年 7 月第 10 次印刷　　　　责任编辑 / 钟　博

印　　数 / 13 501～15 500 册　　　　　　　　　　　　　　　　责任校对 / 陈玉梅

定　　价 / 59.00 元　　　　　　　　　　　　　　　　　　　　责任印制 / 王美丽

前　言

Photoshop 由 Adobe 公司开发，是功能强大、使用范围广泛的图像处理和编辑软件。Photoshop 因其具有友好的工作界面、强大的功能、使用方便，深受广大在校大学生、平面设计者、摄影师、广告策划者及广大计算机爱好者的钟爱。

本书以"讲解 Photoshop 最常用的技术"作为指导方针，以"深入浅出、循序渐进"作为讲解原则，配合实例进行有针对性的讲解，力求使读者在掌握软件最核心技术的同时，具有实际动手操作的能力。

本书采用理论结合实例的方法详细介绍了当前最为流行的图像处理软件 Photoshop CS3 的使用方法和技巧。全书学习借鉴了其他书籍的优点，同时力求克服有些教材在内容和编排方面的不足，特别是针对刚开始接触这个软件的初学者进行了专项改进，细化了制作过程，阐明了制作原理。结合编者在教学中对学生学习情况的深入了解，本教材在难度和实例数量上都做了精心设计，本着重视基础、重视基本能力的培养指导思想，以大量基础实例重点培养学生的动手能力，由简入难，最后辅以综合实例，使学生能熟练掌握 Photoshop 软件的操作，同时具备计算机图形处理的基础知识和技能。

本书在编写过程中严格遵守"循序渐进"的教学原则，尽量将结构安排得合理、有序。本书共 9 章。第 1 章至第 8 章是理论学习章节，以理论讲解为主，辅以精心设计的实例，用来佐证书中的理论，从而加深读者对理论知识的认识与理解。第 9 章为综合实例学习章节，以实例讲解为主，几乎每一个实例都包含了若干种不同的 Photoshop 技术，学习这些实例无疑能够起到对 Photoshop 知识融会贯通的学习效果。

本书参编人员为了使本书能够让广大有兴趣学习 Photoshop 的读者更容易上手、更快掌握和更灵活地运用，做了大量细致的工作，从实例的选择到章节的安排各个方面力争做到内容丰富、结构清晰、实例典型、讲解详细、富于启发性。限于时间，本书在操作步骤、操作效果及文字表述方面仍然存在不尽如人意之处，希望广大读者指正并给出宝贵意见。

本书可作为大专院校非艺术类专业的计算机图形图像处理课程的教材，同时也适合计算机技能培训使用，还可以作为广大平面设计爱好者的自学用书和参考书。

编　者

目　录

第1章

操作基础

Photoshop 是平面图像处理业界霸主 Adobe 公司推出的跨越 PC 和 Mac 两界的大型图像处理软件，是当今世界一流的平面设计和编辑软件。它功能强大，操作界面友好，得到了广大第三方开发厂家的支持，从而也赢得了众多用户的青睐。

Adobe Photoshop 最初的程序由 Mchigan 大学的研究生 Thomas 创建，后经 Knoll 兄弟以及 Adobe 公司程序员的努力，Adobe Photoshop 取得了巨大的成功，一举成为优秀的平面设计编辑软件。它的诞生掀起了图像出版业的革命，目前 Adobe Photoshop 最新版本为 CS 6，它的每一个版本都增添了新的功能，这使它既获得了越来越多的支持者，也使它在诸多图形图像处理软件中立于不败之地。

Photoshop 支持很多图像格式，图像的常见操作和变换达到了非常精细的程度，使得任何一款同类软件都无法望其颈背；它拥有异常丰富的插件（在 Photoshop 中叫滤镜），熟练后使用者自然能体会到"只有想不到，没有做不到"的境界。

Photoshop 为使用者提供了相当简捷和自由的操作环境，从而使使用者的工作游刃有余。当然，简捷并不意味着傻瓜化，自由也并非随心所欲，Photoshop 仍然是一款大型处理软件，想要用好它不会在朝夕之间，只有长时间的学习和实际操作才能充分掌握它。本书以 Photoshop CS 3 版本为平台，从基础入手详细讲解其操作，本章将介绍图像处理的基础知识和 Photoshop CS 3 软件的操作界面和基本操作。

1.1 图像处理基础

1.1.1 位图与矢量图

计算机绘图分为点阵图和矢量图两大类，那它们存在什么区别，又有什么不同的用处呢？认识它们的特色和差异，有助于创建、输入、输出编辑和应用数字图像。位图图像和矢量图形没有优劣之分，只是用途和特点不同而已。如图 1.1.1 所示为点阵图和矢量图的区别。

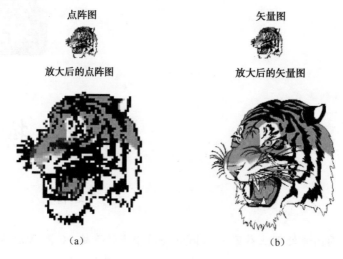

图 1.1.1

一、点阵图（Bitmap）

1. 点阵图及点阵图的特性

与下述基于矢量的绘图程序相比，像 Photoshop 这样的图像编辑程序则用于处理位图图像。当其处理位图图像时，可以优化微小细节，进行显著改动并增强效果。位图图像亦称为点阵图像或绘制图像，是由称作像素（图片元素）的单个点组成的。这些点可以进行不同的排列和染色以构成图样。当放大位图时，可以看见赖以构成整个图像的无数单个方块。扩大位图尺寸的效果是增多单个像素，从而使线条和形状显得参差不齐。然而，如果从稍远的位置观看它，位图图像的颜色和形状又显得是连续的。由于每一个像素都是单独染色的，可以通过以每次一个像素的频率操作选择区域而产生近似相片的逼真效果，诸如加深阴影和加重颜色。缩小位图尺寸也会使原图变形，因为此举是通过减少像素来使整个图像变小的。同样，由于位图图像是以排列的像素集合体形式创建的，所以不能单独操作（如移动）局部位图。

点阵图像是与分辨率有关的，即在一定面积的图像上所包含的固定数量的像素。因此，如果在屏幕上以较大的倍数放大显示图像或以过低的分辨率打印，位图图像会出现锯齿边缘。如图 1.1.2 所示，可以清楚地看到将局部图像放大 400%后与原图的对比效果。

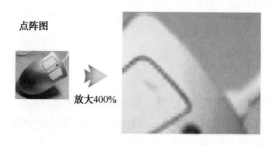

图 1.1.2

2. 点阵图的文件格式

点阵图的文件类型很多，如*.bmp、*.pcx、*.gif、*.jpg、*.tif、photoshop 的*.pcd、kodak photo CD 的*.psd、corel photo paint 的*.cpt 等。

二、矢量图（Vector）

1. 矢量图及矢量图的特性

矢量图像也称为面向对象的图像或绘图图像，在数学上定义为一系列由线连接的点。像 Adobe Illustrator、CorelDraw、CAD 等软件是以矢量图形为基础进行创作的。矢量文件中的图形元素称为对象。每个对象都是一个自成一体的实体，它具有颜色、形状、轮廓、大小和屏幕位置等属性。既然每个对象都是一个自成一体的实体，就可以在维持它原有清晰度和弯曲度的同时，多次移动和改变它的属性，而不会影响图例中的其他对象。这些特征使基于矢量的程序特别适用于图例和三维建模，因为它们通常要求能创建和操作单个对象。基于矢量的绘图同分辨率无关。这意味着它们可以按最高分辨率显示到输出设备上。

因为矢量图形与分辨率无关，所以可以将它缩放到任意大小和以任意分辨率再在输出设备上打印出来，都不会影响清晰度。因此，矢量图形是文字（尤其是小字）和线条图形（比如徽标）的最佳选择。将矢量图局部放大 400%后与原图的对比效果如图 1.1.3 所示。

图 1.1.3

有一些图形（如工程图、白描图、卡通漫画等），它们主要由线条和色块组成，这些图形可以分解为单个的线条、文字、圆、矩形、多边形等图形元素，再用一个代数式来表达每个被分解出来的元素。例如：一个圆可以表示成圆心在（x_1，y_1），半径为 r 的图形；一个矩形可以通过指定左上角坐标（x_1，y_1）和右下角坐标（x_2，y_2）的四边形来表示；线条可以用一个端点的坐标（x_1，y_1）和另一个端点的坐标（x_2，y_2）的连线来表示。当然还可以为每种元素再加上一些属性，如边框线的宽度、边框线是实线还是虚线、中间填充什么颜色等，然后把这些元素的代数式和它们的属性作为文件存盘，就生成了所谓的矢量图（也叫向量图）。

2. 矢量图的文件格式

矢量图形格式也很多，如 Adobe Illustrator 的*.AI、*.EPS，SVG、AutoCAD 的*.dwg 和 dxf，Corel DRAW 的*.cdr 以及 Windows 标准图元文件*.wmf 和增强型图元文件*.emf 等。当需要打开这种图形文件时，程序根据每个元素的代数式计算出这个元素的图形并显示出来。就好像写出一个函数式，通过计算也能得出函数图形一样。编辑这样的图形的软件也叫矢量图形编辑器，如 AutoCAD、CorelDraw、Illustrator、Freehand 等。

1.1.2 分辨率

常用的分辨率有图像分辨率、显示器分辨率、输出分辨率、位分辨率 4 种。

1. 图像分辨率

图像分辨率是指图像中每单位长度所包含的像素（即点）的数目，常以像素/in 为单位。

> 图像的分辨率越高，图像越清晰。但过高的分辨率会使图像文件过大，对设备要求越高，因此在设置分辨率时应考虑所制作图像的用途。Photoshop 默认的图像分辨率是 72 像素/in，这是满足普通显示器的分辨率。

几种常用的图像分辨率如下：发布于网页上的图像分辨率是 72 像素/in 或 96 像素/in；报纸图像通常设置为 120 像素/in 或 150 像素/in；打印的图像分辨率为 150 像素/in；彩版印刷图像分辨率通常设置为 300 像素/in；大型灯箱图像一般不低于 30 像素/in；一些特大的墙面广告有时可设定在 30 像素/in 以下。

2. 显示器分辨率（屏幕分辨率）

显示器分辨率是指显示器中每单位长度显示的像素（即点）的数目，通常以 dot/in 表示。常用的显示器分辨率有：1 024 像素×768 像素（长度上分布了 1 024 像素，宽度上分布了 768 像素）、800 像素×600 像素、640 像素×480 像素。

PC 显示器的典型分辨率为 96 dot/in，Mac 显示器的典型分辨率为 72 dot/in。

> 正确理解显示器分辨率的概念有助于帮助我们理解屏幕上图像的显示大小经常与其打印尺寸不同的原因。在 Photoshop 中图像像素直接转换为显示器像素。当图像分辨率高于显示器分辨率时，图像在屏幕上的显示比实际尺寸大。例如：当一幅分辨率为 72 像素/in 的图像在 72 dot/in 的显示器上显示时，其显示范围是 1 in×1 in；而当图像分辨率为 216 像素/in 时，图像在 72 dot/in 的显示器上的显示范围为 3 in×3 in。因为屏幕只能显示 72 像素/in，它需要 3 in 才能显示 216 像素的图像。

3. 输出分辨率

输出分辨率是指照排机或激光打印机等输出设备在输出图像时每英寸所产生的油墨点数，通常使用的单位也是 dot/in。

为了获得最佳效果，应使用与照排机或激光打印机输出分辨率成正比（但不相同）的图像分辨率。大多数激光打印机的输出分辨率为 300～600 dot/in，当图像分辨率为 72 像素/in 时，其打印效果较好；高档照排机能够以 1200 dot/in 或更高精度打印，对 150～350 dot/in 的图像产生效果较佳。

4. 位分辨率

　　位分辨率又叫位深，是用来衡量每个像素所保存的颜色信息的位元数。例如，一个 24 bit 的 RGB 图像，表示其各原色 R、G、B 均使用 8 bit，三位元之和为 24 bit。在 RGB 图像中，每一个像素均记录 R、G、B 三原色值，因此每一个像素所保存的位元数为 24 bit。

1.1.3　色彩模式

1. 位图模式

　　位图模式（Bitmap）的图像又叫黑白图像，是用两种颜色值（黑白）来表示图像中的像素的。它的每一个像素都是用 1 bit 的位分辨率来记录色彩信息的，因此它所要求的磁盘空间最小。图像在转换为位图模式之前必须先转换为灰度模式。这是一种单通道模式。

2. 灰度模式

　　灰度模式图像的每一个像素是由 8 bit 的位分辨率来记录色彩信息的，因此可产生 256 级灰阶。灰度模式的图像只有明暗值，没有色相和饱和度这两种颜色信息：其中 0% 为黑色，100% 为白色，k 值是用来衡量黑色油墨用量的。使用黑白和灰度扫描仪产生的图像常以灰度模式显示。这是一种单通道模式。

3. 双色调模式

　　要转成双色调模式必须先转成灰度模式。双色调模式包括四种类型：Monotone（单色调）、Duotone（双色调）、Tritone（三色调）和 Quadtone（四色调）。双色调模式最显著的优点是能够使用尽量少的颜色表现尽量多的颜色层次，这对于减少印刷成本是很重要的，因为在印刷时每增加一种色调都需要更大的成本。这是一种单通道模式。

4. 索引颜色模式

　　索引颜色的图像与位图模式（1 bit/像素）、灰度模式（8 bit/像素）和双色调模式（8 bit/像素）的图像一样，都是单通道图像（8 bit/像素），索引颜色使用包含 256 种颜色的颜色查找表。此模式主要用于网络和多媒体动画，该模式的优点在于可以减少文件大小，同时保持视觉品质不变。其缺点在于颜色少，如果要进一步编辑，应转换为 RGB 模式。当图像转换为索引颜色时，Photoshop 会构建一个颜色查找表（CLUT）。如果原图像中的某种颜色没有出现在查找表中，其会从可使用颜色中选出最接近的颜色来模拟这种颜色。颜色查找表可在转换过程中定义或在生成索引图像后修改。这是一种单通道模式。

5. RGB 模式

RGB 模式主要用于视频等发光设备，如显示器、投影设备、电视机、舞台灯等。这种模式包括三原色即红（R），绿（G），蓝（B），每种色彩都有 256 种颜色，每种颜色的取值范围是 0～255，这三种颜色混合可产生 16 777 216 种颜色。RGB 模式是一种加色模式（理论上），因为当红、绿、蓝都为 255 时，为白色；均为 0 时，为黑色；均为相等数值时为灰色。换句话说，可把 R、G、B 理解成三盏灯光，当这三盏灯光都打开，且为最大数值 255 时，即可产生白色。当这三盏灯光全部关闭，即产生黑色。在该模式下所有的滤镜均可用。

6. CMYK 模式

CMYK 模式是一种印刷模式。这种模式包括四原色——青（C）、洋红（M）、黄（Y）、黑（K），每种颜色的取值范围是 0～100%。CMYK 是一种减色模式（理论上），人眼理论上是根据减色的色彩模式来辨别色彩的。太阳光包括地球上所有的可见光，当太阳光照射到物体上时，物体吸收（减去）一些光，并把剩余的光反射回去。人眼看到的就是这些反射的色彩。例如，消防车是红色的，因为它从白色光谱中吸收了所有的非红色，即所有的绿色和蓝色；再如，高原上太阳紫外线很强，这是因为为了避免烧伤，浅色和白色的花居多，如果花是白色则意味着花没有吸收任何光线。自然界中黑色的花很少，如果花是黑色，就意味着它要吸收所有的光，这会使花被烧伤。在 CMYK 模式下有些滤镜不可用，而在位图模式和索引模式下所有滤镜均不可用。

在 RGB 和 CMYK 模式下大多数颜色是重合的，但有一部分颜色不重合，这部分颜色就是溢色。

7. Lab 模式

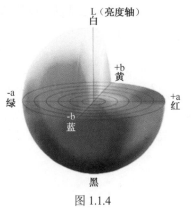

图 1.1.4

Lab 模式是一种国际标准色彩模式（理想化模式），它与设备无关，它的色域范围最广（理论上包括了人眼可见的所有色彩，它可以弥补 RGB 和 CMYK 模式的不足），如图 1.1.4 所示。该模式有三个通道：L 为亮度通道，取值范围为 0～100；a、b 为色彩通道，取值范围为-128～+127。

其中 a 代表从绿到红，b 代表从蓝到黄。Lab 模式在 Photoshop 中很少使用，其实它一直充当着中分的角色。例如，计算机将 RGB 模式转换为 CMYK 模式时，实际上是先将 RGB 模式转换为 Lab 模式，然后再将 Lab 模式转换为 CMYK 模式。

8. HSB 模式

HSB 模式是基于人眼对色彩的感觉：H 代表色相，取值范围为 0～360；S 代表饱和度（纯度），取值范围为 0～100%；B 代表亮度（色彩的明暗程度），取值范围为 0～100%。当全亮度和全饱和度相结合时，会产生最鲜艳的色彩。在该模式下有些滤镜不可用，而在位图模式和索引模式下所有滤镜均不可用。

在 RGB 和 CMYK 模式下大多数颜色是重合的，但有一部分颜色不重合，这部分颜色就是溢色。

1.1.4　Photoshop 常用图像文件存储格式

1. PSD 格式

PSD 格式是 Photoshop 软件自身的格式，这种格式可以存储 Photoshop 中的所有图层、通道和剪切路径等信息。

2. BMP 格式

BMP 格式是 DOS 和 Windows 平台上常用的一种图像格式。它支持 RGB、索引颜色、灰度和位图模式，但不支持 Alpha 通道，也不支持 CMYK 模式的图像。

3. TIFF 格式

TIFF 格式是无损压缩格式（采用的是 LZW 压缩）。它支持 RGB、CMYK、Lab、索引颜色、位图和灰度模式，而且在 RGB、CMYK 和灰度三种颜色模式中还支持使用通道（Channel）、图层和剪切路径，因此在平面排版软件 Pagemaker 中常使用这种格式。

4. JPEG 格式

JPEG 格式是一种有损压缩的网页格式，不支持 Alpha 通道，也不支持透明。当存为此格式时，会弹出对话框，在 Quality 中设置数值越高，图像品质越好，文件也越大。它也支持 24 位真彩色的图像，因此适用于色彩丰富的图像。

5. GIF 格式

GIF 格式是一种无损压缩（采用 LZW 压缩）的网页格式。它支持 256 色（8 位图像），支持一个 Alpha 通道，支持透明和动画格式。目前存在两类 GIF 格式：GIF87a（严格不支持透明像素）和 GIF89a（允许某些像素透明）。

6. PNG 格式

PNG 格式是 Netscape 公司开发出来的一种无损压缩的网页格式。PNG 格式将 GIF 和 JPEG 最好的特征结合起来，它支持 24 位真彩色，支持透明和 Alpha 通道。PNG 格式不完全支持所有浏览器，所以在网页中的使用要比 GIF 和 JPEG 格式少得多，但随着网络的发展和互联网传输速度的改善，PNG 格式将是未来网页中使用的一种标准图像格式。

7. PDF 格式

PDF 格式可以跨平台操作，可在 Windows、Mac OS、UNIX 和 DOS 环境下浏览（用 Acrobat Reader）。它支持 Photoshop 格式所支持的所有颜色模式和功能，支持 JPEG 和 ZIP 压缩（但使用 CCITT Group 4 压缩的位图模式图像除外），支持透明，但不支持 Alpha 通道。

8. Targa 格式

Targa 格式专门用于使用 Truevision 视频卡的系统，而且通常受 MS-DOS 颜色应用程序的支持。Targa 格式支持 24 位 RGB 图像（8 位×3 个颜色通道）和 32 位 RGB 图像（8 位×3 个颜色通道外加一个 8 位 Alpha 通道）。Targa 格式也支持无 Alpha 通道的索引颜色和灰度图像，以这种格式存储 RGB 图像时，可选择像素深度。

9. Photoshop DCS（*E PS）

DCS 是标准 EPS 格式的一种特殊格式，它支持剪切路径（Clipping Path），支持去背景功能。DCS 2.0 支持多通道模式与 CMYK 模式，可以包含 Alpha 通道和多个专色通道的图像。

1.2 界面介绍

1.2.1 系统需求

Photoshop CS 3 运行在 Windows（2000/XP/7.0）和 Mac OS X（10.2.4 版本）平台上，无论使用哪一个操作系统，Photoshop 的绝大多数操作都是相同的，无论使用 Photoshop 的哪一个版本，其操作方法都是相通的，故最重要的是掌握基础方法，每次软件的升级只须熟悉新的功能和操作而不需要专门的学习就能掌握。本书以 Windows 操作系统为平台来介绍 Photoshop CS 3。

在 Windows 平台上运行 Photoshop CS 3，系统需要满足以下配置：

- Windows 2000（Service Pack3），Windows XP 或者更高的 Windows 版本；
- Pentium 4 处理器（或者相同水平）或者更高处理器；
- 512 MB 内存（推荐使用 256 内存）；
- 60 GB 可用硬盘空间；
- 1 024×768 分辨率，32 位或更多颜色的显示器；
- CD-ROM 驱动器（安装时使用）。

1.2.2 Photoshop CS 3 桌面环境

启动中文 Photoshop CS 3 进入程序后的界面如图 1.2.1 所示。

图 1.2.1 中所示的功能区说明如下。

A——菜单栏，单击任一菜单标题显示一列菜单选项。

B——工具选项栏，这部分界面提供当前选定工具的选项。

C——工具箱，单击一个图标即可选择在画布中使用的特定工具。

D——调板，通过"窗口"菜单可以访问 17 个浮动的调板，其中包括不同工具和画布的控制和选项。每个调板通过单击其名字的选项卡区分。

E——文档窗口，文档窗口显示当前被编辑的图像（也称作图像窗口）。同一时间可以打开多个文档窗口，但是只能有一个置于顶端和被编辑。

　　F——图像的显示比率，单击鼠标可以重新设置图像的显示比率。

　　G——文档信息，显示当前文档的大小，若同时按住<Alt>键和鼠标左键可以显示文档的宽度、高度、通道和分辨率。

　　H——文档信息选择，单击鼠标可以选择显示的信息。

图 1.2.1

1.2.3　一些常用面板介绍

1. 切换工具窗口

执行菜单中的"窗口">"工具"命令可以切换工具窗口的显示与隐藏。

2. 选框工具

单击工具箱中的按钮即可选择相应的工具。如果该工具右下角有一个黑三角，代表该工具还有隐藏的工具。将鼠标放在该工具上单击鼠标右键，可以弹出所有的工具，如图 1.2.2 所示，移动鼠标即可进行选择。

3. 设置工具的光标外观

执行菜单中的"编辑">"首选项">"光标"命令，弹出如图 1.2.3 所示的"首选项"对话框。

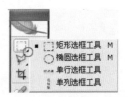

图 1.2.2

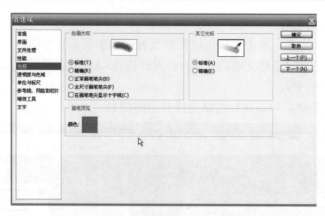

图 1.2.3

（1）选择"绘画光标"或者"其他光标"中的"标准"单选按钮，光标将显示为工具图标。

（2）选中"精确"选项，光标将显示为十字线。

（3）"绘画光标"选项组控制的工具有：橡皮擦、铅笔、喷枪、画笔、橡皮图章、图案图章、涂抹工具、模糊、锐化、减淡、加深和海绵工具。

（4）"其他光标"选项组控制的工具有：选框工具、套索工具、多边形套索、魔棒、裁切、吸管、钢笔、渐变、直线、油漆桶、自由套索、磁性套索、度量和颜色取样工具。

4. 颜色设定

各种绘图工具画出的线条颜色是由工具箱中的前景色决定的，而橡皮擦工具擦除后的颜色则是由工具箱中的背景色决定的。

前景色和背景色的设置方法如下：

（1）在默认状态下，前景色和背景色分别为黑色和白色。

（2）单击右上角的双箭头，可以实现前景色和背景色的切换。

（3）单击左下角的黑白双色的标志，可以将前景色和背景色切换到默认的黑白两色状态。

（4）单击前景色或者背景色图标，弹出"拾色器"对话框，如图 1.2.4 所示。单击对话框左侧的色彩框中任意位置，会有圆圈出现在单击的位置，在右上角会显示当前选中的颜色，并且在"拾色器"对话框右下角出现其对应的数据，包括 RGB、CMYK、HSB 和 Lab 4 种不同的颜色描述方式，也可以在这里直接输入数字，以确定所需要的颜色。

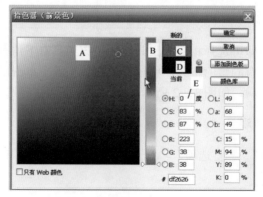

图 1.2.4

如图 1.2.4 所示中的功能区说明如下。

A——颜色选择区。

B——颜色导轨和颜色滑块，在滑块中确定了某种色相后，颜色选择区内则会显示出这一色相亮度从亮到暗、饱和度从强到弱的各种颜色。

C——当前选定的颜色。

D——以前选定的颜色。

E——颜色定义区，即用数字控制所选的颜色。

（5）可以通过"色板"面板改变前景色或者背景色，如图 1.2.5 所示。无论正在使用何种工具，只要将鼠标移动到色板面板上，鼠标就会变成吸管状，单击鼠标可以改变前景色。如果想在面板中增加颜色，可以用吸管工具在画面上选择颜色，然后将鼠标移到"色板"面板上的空白处，鼠标变成小桶的形状，这时只要单击鼠标，就可以将颜色加入色板了。

（6）可以通过"颜色"面板改变前景色或者背景色，如图 1.2.6 所示。将鼠标移动到颜色条上，鼠标就会变成吸管状，单击鼠标可以改变前景色，可以单击"颜色"面板的弹出菜单选择不同的颜色模式。

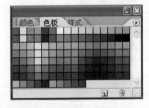

图 1.2.5　　　　　　　　　　　　　　　图 1.2.6

（7）可以通过颜色取样器来测量图像中不同位置的颜色数值，如图 1.2.7 所示。此时"信息"面板如图 1.2.8 所示。颜色取样器只能选择 4 个不同的点进行颜色测试，如果想删除取样点，只要按住<Alt>键，单击取样点就可以了。

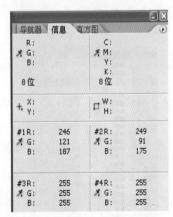

图 1.2.7　　　　　　　　　　　　　　　图 1.2.8

5. 工具箱

如图 1.2.9 所示是 Photoshop 中显示的工具箱，为了理解方便，在此为各工具标注了工具名称、快捷键等。这些工具的名称是必须掌握的内容，最好记住快捷键，这将为提高操作速度和效率提供很大的帮助。如果对经常使用的工具采用快捷键方式，可使用户方便而快捷地利用程序。

这个工具箱将具有类似功能的工具放在子工具箱中，使之形成统一的整体。将这些具有类似功能的工具聚集到一处，防止用户在使用各种工具时产生混乱，从而提高了操作直观性。

6. 功能调板

Photoshop CS 3 提供了许多功能调板，在默认情况下，调板以组的方式堆叠在一起，可以通过"窗口"主菜单调用或者关闭各种调板，如图 1.2.10 所示。一般情况下，在使用功能调板时将其打开，不需要使用时将其隐藏，以免因控制调板遮住图像窗口而给操作带来不便。图 1.2.11 显示的是画笔设置调板。

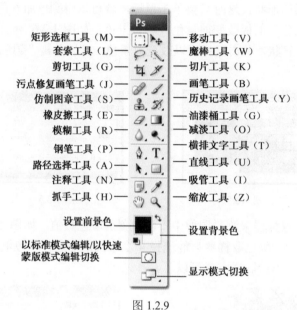

图 1.2.9

图 1.2.10

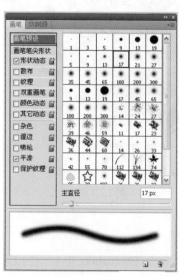

图 1.2.11

1.2.4　辅助工具

Photoshop CS 3 为使图像操作过程方便快捷，提供了度量、缩放、手掌、网格、参考线等工具，掌握这些辅助工具可以提高图像的操作效率。

1.　标尺

标尺的作用是可以使用户在编辑图像的时候方便确定对象的位置和选取的范围。若要调出显示标尺，只需要执行"视图" > "标尺" 菜单命令项就可以。标尺包括水平标尺和垂直标尺。标尺的原点可以由用户自己设定，这样就可以更为直观地获得图像的具体尺寸大小。其具体操作为直接拖曳水平与垂直标尺交界处到图像窗口的任意点，如图 1.2.12 和 1.2.13 所示。

图 1.2.12

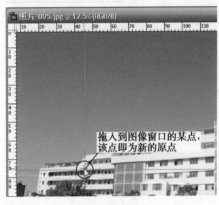
图 1.2.13

双击标尺左上角原点将会还原到默认值。

2.　测量工具

在很多时候我们需要知道图像的具体尺寸，需要测量两个点之间的距离，使用测量工具可以实现这个目的。其具体操作方法是用鼠标右键单击工具调板的吸管工具，选择第三项"标尺工具"，如图 1.2.14 所示，用鼠标在需要测量的两点之间画一条直线，如图 1.2.15 所示，在工具面板上会出现如图 1.2.16 所示的两点之间的距离和角度信息。

图 1.2.14

图 1.2.15

图 1.2.16

3. 参考线与网格

参考线用来对齐物体，是浮在图像上但不被打印的直线，是在图像处理过程中为操作方便而定制的参照线，在操作中可以设置多条参考线，为了避免不小心移动参考线位置，可以锁定参考线，也可以移动或删除参考线。直接用鼠标拖曳水平或垂直标尺到图像窗口的任意位置并松开鼠标即可完成一条参考线的定制，如图 1.2.17 所示。

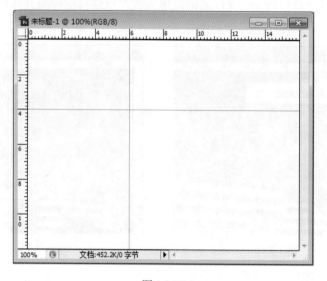

图 1.2.17

在默认情况下，网格既可显示为非打印的直线，也可以显示为网点。网格与参考线的工作方式相似。

显示网格方法为：执行"视图" > "显示" > "网格"菜单命令。

设置网格、参考线选项的方法为：执行"视图" > "显示额外选项"菜单命令，如图 1.2.18 所示。

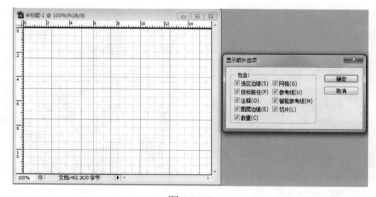

图 1.2.18

4. 缩放工具

缩放显示图像可以便于局部细节的编辑和修改。缩放工具、缩放命令和"导航器"调板都可以按照不同倍数查看图像，还可以更改屏幕显示方式以改变工作区域的外观。

（1）点击工具调板的缩放工具，然后在工具选项栏选择放大或缩小，如图 1.2.19 所示。然后光标会发生变化，再单击图像区域，图像便放大或缩小。拖画一个范围就可以放大或缩小图像的某一部分，如图 1.2.20 所示。

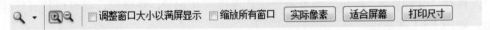

图 1.2.19

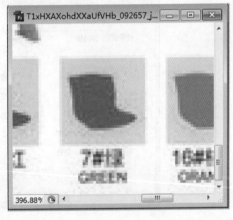

图 1.2.20

（2）使用导航器调板缩放，使用鼠标拖曳滑块从到可以实现不同比例的缩放，也可以在输入框中直接输入放大或缩小比例，如图 1.2.21 所示。

图 1.2.21

1.3 文件的基本操作

1.3.1 新建文件

新建文件的方法有以下两种：

（1）执行"文件">"新建"菜单命令或者直接按<Ctrl+N>快捷键，都可以打开新建文件对话框，如图 1.3.1 所示。

（2）按住<Ctrl>键在工作区空白处双击也可以新建文件。

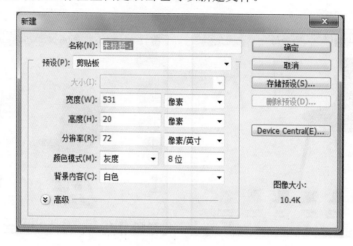

图 1.3.1

参数设定方法如下。

（1）宽度高度：根据实际情况进行设定，单位有像素、英寸、厘米、点等。

（2）分辨率：此处的分辨率指的是图像单位距离像素点的个数。其直接影响到图片的大小和质量，如果用于显示器屏幕输出，则用 72 像素/英寸，如制作网页或幻灯片用的图片；如果用，印刷输出，则用 300 像素/英寸，如封面设计；如果用于喷绘输出，则用 20～50 像素/英寸；如果用于写真输出，则用 75 像素/英寸。

（3）模式：根据输出方式设定，屏幕输出用 RGB 模式，印刷输出用 CMYK 模式。

（4）背景：有三个选项可选，即白色、背景色和透明色。

1.3.2 存储文件

（1）新建文件或对打开的文件进行编辑后，应及时保存处理结果，用"存储"命令保存文件。当打开一个图像文件并对其进行编辑之后，执行"文件">"存储"或按<Ctrl+S>快捷键保存，图像会按照原有的格式存储，如图 1.3.2 所示。

若将文件保存为另外的名称和其他格式，或者存储在其他位置，可以执行"文件">"存储为"命令，在打开的对话框中将文件另存，如图 1.3.3 所示。

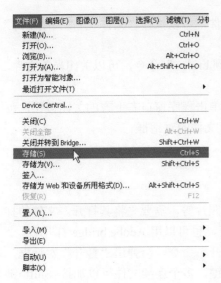

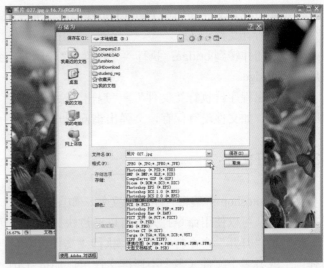

图 1.3.2   图 1.3.3

（2）用"签入"命令保存文件：执行"文件" > "签入"命令保存文件时，允许存储文件的不同版本以及各版本的注释。该命令可用于 Version Cue 工作区管理的图像，如果使用的是来自 Adobe Version Cue 的项目文件，文件标题会提供有关文件状态的其他信息，如图 1.3.4所示。

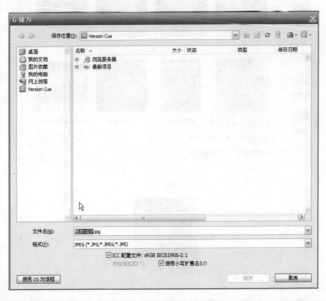

图 1.3.4

1.3.3 关闭文件

（1）关闭文件：执行"文件" > "关闭"命令，按下<Ctrl+W>快捷键或者单击文档窗口右上角按钮，可以关闭当前图像文件。

（2）关闭所有文件：如在 Photoshop 中打开了多个文件，可以执行"文件"＞"关闭全部"命令，关闭所有文件。

（3）关闭并转到 bridge：执行"文件"＞"关闭并转到 bridge"命令，可以关闭当前文件，然后打开 bridge。

（4）退出程序：执行"文件"＞"退出"命令，或者单击程序窗口右上方的关闭按钮，可关闭并退出。如文件没有保存，会弹出询问用户是否保存文件的对话框。

1.3.4 打开文件

要在 Photoshop 中编辑一个图像文件，如图片素材、照片等，需要先将其打开。文件的打开方式很多，可以使用命令打开，可以通过快捷方式打开，也可以用 Adobe bridge 打开。

（1）用"打开"命令打开文件：执行"文件"＞"打开"命令，会弹出"打开"对话框，选择一个或者多个文件（多个不连续文件可以加按<Ctrl>键，多个连续文件可以加按<Shift>键来打开），单击"打开"按钮或双击文件即可打开，如图 1.3.5 所示。

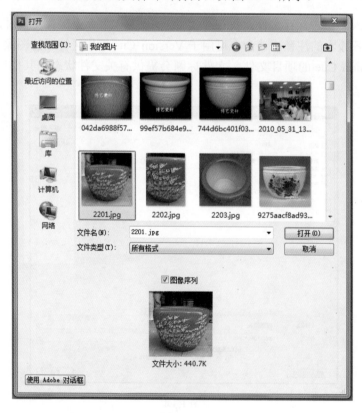

图 1.3.5

按下<Ctrl+O>快捷键或在灰色的 Photoshop 程序窗口中双击，都可以弹出"打开"对话框。

（2）用"打开为"命令打开文件：在 Mac OS 和 Windows 之间传递文件时可能会导致标错文件格式，此外如果使用与文件的实际格式不匹配的扩展名存储文件（如用扩展名.gif 存储 PSD 文件），则 Photoshop 可能无法确定文件的正确格式。

　　如果出现这种情况，可以执行"文件">"打开为"命令，弹出"打开为"对话框，选择文件并在打开为列表中为它指出正确的格式，然后单击"打开"按钮将其打开，如图 1.3.6 所示。如果文件不能打开，则选取的格式可能与实际格式不匹配或者文件已经损坏。

图 1.3.6

课后作业

一、填空题

（1）Photoshop 中的_____模式是用于印刷的模式。

（2）RGB 模式当中的 R 指_____，G 指_____，B 指_____。

（3）Photoshop 中的_____格式是用来存储为网页的格式。

（4）Photoshop 默认的文件存储格式为_____。

（5）Photoshop 中的四种颜色模式分别为_____、CMYK、HSB、Lab。

（6）图像分辨率的高低标志着图像质量的优劣，分辨率越_____，图像效果就越好。

二、简答题

（1）Photoshop 中常用的文件存储格式有哪些？

（2）简述位图和矢量图之间的区别。

（3）简述 Photoshop CS 3 新增了哪些功能？

三、上机题

打开 Photoshop CS 3 软件，熟悉 Photoshop CS 3 软件的界面，熟悉菜单栏、工具箱、命令面板中的内容。

第 2 章

Photoshop CS 3 选区

在 Photoshop CS 3 中进行图像处理时，离不开选区操作。通过选区对图像操作不影响选区外的图像。多种选区工具结合使用为精确创建选区提供了极大的方便。本章将具体介绍选区的各种创建与编辑技巧。

本章主要内容：

选区的创建、选区的调整、选区的存储和载入。

本章重点：

选区的创建。

本章难点：

选区的调整。

2.1 选区的创建

要想对图像进行编辑，首先要进行选择图像的操作。能够快捷、精确地选择图像是提高处理图像效率的关键。Photoshop CS 3 中提供了多种创建选区的工具，如选框工具、套索工具、魔棒工具等。用户应该熟练掌握这些工具和命令的使用方法。

2.1.1 选择工具

有关 [] （矩形选框工具）、○ （椭圆选框工具）、 --- （单行选框工具）、 | （单列选框工具）、 ♀ （套索工具）、 ♀ （多边形套索工具）、 ♀ （磁性套索工具）、 ✕ （魔术棒工具）等，选区必须以一个像素为基本单位，不可能选择半个像素；其次，选区可以有 256 个级别，这和通道中 256 级灰度是对应的，即选区也是有级别的，如对于一个灰度模式的图像，所做的选区是可以有透明度的，有些像素可能只有 50% 的灰度被选中，当执行删除命令时，也只有 50% 的像素值被删除。当确定选择区域时，只有选择程度在 50% 以上的像素才会通过浮动的选区表现出来，而选择程度低于 50% 的像素不会表现出来。

2.1.2 创建选区的方法

在 Photoshop 中，要对图像的局部进行编辑，首先要通过各种途径将其选中，也就是创建选区。用选框工具选中所要编辑的区域后，就可以移动、复制、填充颜色或者执行一些特殊效果。

一、规则区域选择工具

1. 矩形选框工具 [:]

使用矩形选框工具在画面上画框，可以确定矩形选区，若想画正方形的选区，则要配合使用<Shift>键，矩形选框工具的设置栏如图 2.1.1 所示。

图 2.1.1

1）选区的编辑

（1）选区相加：其是在已经建立的选区之外，再加上其他的选取范围，首先用矩形选框工具拖出一个矩形选区，然后在矩形选框工具的选项栏中单击图标，或者按住<Shift>键的同时再用此工具拖出一个矩形选区，此时所用工具的右下角会出现"+"形符号，松开鼠标后所得到的结果是两个选择区域的并集，如图 2.1.2 和图 2.1.3 所示。

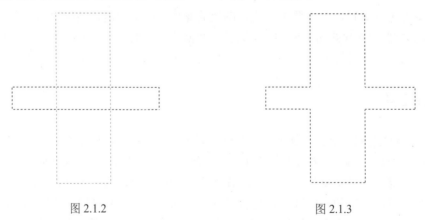

图 2.1.2   图 2.1.3

（2）选区相减：其用于将已经建立的选区减去一部分。首先用矩形选框工具拖出一个矩形选区，然后在矩形选框工具的选项栏中单击图标，或者按住<Alt>键的同时再用此工具拖出一个矩形选区，此时所用工具的右下角会出现"-"形符号，松开鼠标后所得到的结果是第一个选区减去第二个选区，如图 2.1.4 和图 2.1.5 所示。

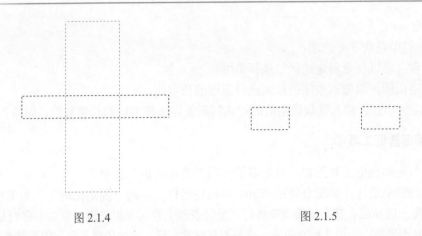

图 2.1.4　　　　　　　　　　　　　　　　　图 2.1.5

（3）选区相交 ▣：其用于保留两个选区的重叠部分。首先用矩形选框工具拖出一个矩形选区，然后在矩形选框工具的选项栏中单击图标 ▣，或者同时按住<Alt>键和<Shift>键，再用此工具拖出一个矩形选区，此时所用工具的右下角会出现"X"形符号，松开鼠标后所得到的结果是两个选区的重叠部分，如图 2.1.6 和图 2.1.7 所示。

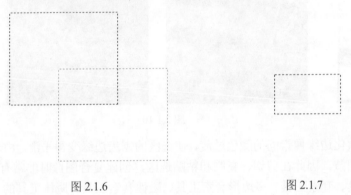

图 2.1.6　　　　　　　　　　　　　　　　　图 2.1.7

2）羽化选项

羽化选项后面的数值可以用来定义边缘晕开的程度，范围为 1～250 像素。在此框中输入一个羽化值，然后创建选区，将这个选区复制到新文档中，可以得到不同的朦胧效果。这在选区的制作中非常有用，如图 2.1.8 所示为设置不同羽化值后得到的效果。

羽化值为 0　　　　　　　　羽化值为 10　　　　　　　　羽化值为 30

图 2.1.8

3）样式

"样式"栏中包含 3 个选项：

（1）正常：可以任意确定选区的选择范围。

（2）固定比例：以输入数字的形式选择范围的长宽比。

（3）固定大小：以输入整数像素值的形式精确设定选择范围的长宽数值，如图 2.1.9 所示。

2. 椭圆形选框工具

该工具与矩形选框工具类似，只是多了一项"消除锯齿"选项。

若想得到圆形选区，则配合使用<Shift>键或使用样式中的"固定比例"，为 1:1。

当在图像上选择或者建立斜线或弧线时，虽然表面上看起来很平滑，但由于它们是由像素组成的，所以并不平滑，如图 2.1.10 所示，只是不易察觉而已，这些依像素而定的形状就称为锯齿。

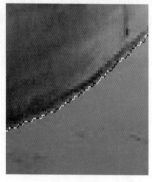

图 2.1.9　　　　　　　　　　　　　　图 2.1.10

消除锯齿是通过软化边缘像素间的颜色过渡，使选区的锯齿边缘变得平滑。由于只是改变边缘像素，不会丢失细节，因此在剪切、复制和粘贴选区，创建复合图像时非常有用。

在椭圆形选框工具、套索工具、多边形套索工具、磁性套索工具、魔棒工具的设置框中均包含消除锯齿的选项，使用前必须先选中该选项。

3. 单行 ／单列 选取框

选择单行/单列选取框工具，在画面上单击就可以将选区框定义为一个像素的行或者列，其实它也是一个矩形框，只要放大图像就可以看到。

二、不规则区域选择工具

1. 魔棒工具

魔棒工具是基于图像中相邻像素的颜色近似程度来进行选择的，魔棒工具栏如图 2.1.11 所示。

图 2.1.11

（1）容差：数值范围为 0～255，表示相邻像素间的近似程度，数值越大，表示可允许的相邻像素间的近似程度越小，选择范围越大；反之，选择范围就越小。如图 2.1.12 所示为不同容差值时创建的选区大小。

容差值为 10　　　　　　　　　　　　　容差值为 35

图 2.1.12

（2）连续的：选中该选项可以将图像中连续的像素选中，否则可将连续和不连续的像素一并选中，如图 2.1.13 所示。

不连续　　　　　　　　　　　　　　　连续

图 2.1.13

（3）用于所有图层：选中该选项，魔棒工具将跨越图层对所有可见图层起作用，否则魔棒工具只对当前图层起作用。

2. 套索工具

套索工具可以用来产生任意形状的选择区域，其工具栏如图 2.1.14 所示。

图 2.1.14

其使用方法是按住鼠标拖曳，随着鼠标的移动可以形成任意形状的选择范围，松开鼠标后会将起点和终点闭合，形成一个封闭的选区。如果起点和终点重合，鼠标工具图标的右下角将出现一个圆圈，单击可以形成一个封闭的选区。

套索工具的随意性很大，要求对鼠标有良好的控制能力，通常用来勾画不规则形状的选区或者为已有的选区作修补，如果想勾画出非常精确的选区则不宜使用它。

3. 多边形套索工具

多边形套索工具可以用来产生多边形选择区域，如图 2.1.15 所示。

图 2.1.15

其使用方法是单击鼠标形成直线的起点，移动鼠标，拖出直线，再次单击鼠标，两个落点之间就会形成直线，依次可以继续。画至最后一个点时双击鼠标就可以将选区起点和终点闭合，形成一个封闭选区。随着鼠标的移动可以形成任意形状的选择范围，松开鼠标后会将起点和终点闭合，形成一个封闭的选区。同理，如果起点和终点重合，鼠标工具图标的右下角将出现一个圆圈，单击可以形成一个封闭的选区。

多边形套索工具通常用来增加或者减小选择范围或者对局部选区进行修改。

4. 磁性套索工具

磁性套索工具可以在拖曳鼠标的过程中自动捕捉图像中物体的边缘以产生选择区域，其工具栏如图 2.1.16 所示。

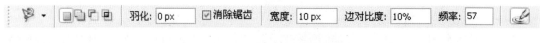

图 2.1.16

（1）磁性套索工具的精确度很高，当图像颜色的对比度数值在它的判断范围以内时，它可以自动分辨出图像中物体的轮廓，从而建立合适的选择区域。其使用方法和自由套索工具基本类似。它包含宽度、边对比度和频率 3 个选项。

① 宽度：数值范围是 1～40 像素，用来定义磁性套索工具检索的距离范围，也就是找寻鼠标周围一定像素值范围内的像素。数值越大，寻找的范围越大，但也可能导致边缘的不准确。

② 边对比度：数值范围是 1%～100%，用来定义磁性套索工具对边缘的敏感程度。如果输入的数值较高，磁性套索工具将只能检索到那些和背景对比度非常大的物体边缘。如果输入

的数值较小，则可以检索到低对比度的边缘。

③ 频率：数值范围是 0～100，用来控制磁性套索工具生成固定点的多少，频率越高，越能更快地固定选区边缘。

（2）对于图像中边缘不明显的物体，可以设定较小的套索宽度和边对比度，这样选取的范围会比较准确。

（3）通常设定较小的宽度和较高的边缘对比度会得到较准确的选取范围，反之得到的选取范围会比较粗糙。

（4）其使用方法与使用多边形套索类似，只是在拖曳鼠标过程中不用单击鼠标。

提示

在使用磁性套索工具的过程中，如果拖曳鼠标不能很好地捕捉到图像的边缘，可以单击鼠标手工加入固定点。

要删除刚刚画出的固定点，可以按<Delete>键。

在使用词性套索工具的过程中，若要改变套索宽度，可以按键盘上的<[>和<]>键来增加或者减小宽度，每按一次可增加或减小一个像素的宽度。

三、特定颜色范围的选择工具

魔棒工具可以选择相同颜色的区域，但是它有时候不容易控制。Photoshop CS 3 中提供了一种可以随心所欲地控制选区的命令，即"色彩范围"命令，此命令可以一边预览一边调整，方便用户操作。其操作区如图 2.1.17 所示。

图 2.1.17

使用时选择"选择范围"单选按钮，预览框中显示的是选择的范围，其中白色表示选择区域，黑色表示未选择区域，在默认的情况下选择此项；选择"图像"单选按钮，预览框中会显示原始的整个图像。

单击选择列表框右侧的下拉按钮，从弹出的下拉列表中选择一种选取颜色范围的方式。选"取样颜色"选项时，可使用吸管工具吸取颜色，同时可以在"颜色容差"输入框中输入数值或拖曳滑块来调整颜色选区，数值越大，所包含的近似颜色就越多，选区的范围就越大。

如果对已经选择的区域不满意，则可以在"色彩范围"对话框中利用三个吸管按钮增加或减小选取的颜色范围，单击"添加到取样"按钮 ✐ 可以增加选区，单击"从取样中减去"按钮 ✐ 可以减小选区，然后移动鼠标指针至预览框中单击即可。

2.2　选区的调整

2.2.1　选择菜单介绍

选区作为 Photoshop 中重要的内容之一，对选区进行灵活使用可以快速准确地对图像进行

全部(A)	Ctrl+A
取消选择(D)	Ctrl+D
重新选择(E)	Shift+Ctrl+D
反向(I)	Shift+Ctrl+I
所有图层(L)	Alt+Ctrl+A
取消选择图层(S)	
相似图层(Y)	
色彩范围(C)...	
调整边缘(F)...	Alt+Ctrl+R
修改(M)	▶
扩大选取(G)	
选取相似(R)	
变换选区(T)	
在快速蒙版模式下编辑(Q)	
载入选区(O)...	
存储选区(V)...	
onOne	▶

图 2.2.1

处理，因此在此介绍一个菜单选项——"选择"菜单，该菜单下的大部分命令项都是对选区进行操作的，如图 2.2.1 所示。

1．全选

"全选"命令用于将全部的图像设定为选择区域，当用户要对整个图像进行编辑处理时，可以使用该命令。

2．取消选择

"取消选择"命令用于将当前的所有选择区域取消。

3．重新选择

"重新选择"命令用于恢复"取消选择"命令撤销的选择区域，重新进行选定并与上一次选取的状态相同。

4．反向

"反向"命令用于将图层中选择区域和非选择区域进行互换。

5．色彩范围

"色彩范围"命令是一个利用图像中的颜色变化关系来确定选择区域的命令，它就像一个功能强大的魔棒工具，除了用颜色差别来确定选取范围外，它还综合了选择区域的相加、相减、相似命令以及根据基准色选择等多项功能。

6．羽化

此命令用于在选择区域中产生边缘模糊效果，打开对话框，在"羽化半径"文本框中输入边缘模糊效果的像素值，其值越大，模糊效果越明显。

7. 修改

"修改"命令用于修改选区的边缘设置。它的子菜单中有四个选项，分别为"扩边""平滑""扩展"和"收缩"项。

8. 扩大选取

此项命令用于将选区在图像上延伸，把连续的、颜色相近的像素点一起扩充到选择区域内，颜色相近程度由魔棒工具的容差值决定。

9. 选取相似

此项命令的作用和"扩大选取"命令的作用相似，但是它所扩大的范围不局限于相邻的区域，它可以将不连续的颜色相近的像素点扩充到选择区域内。

10. 变换选区

该命令用于对选区进行变形操作。选择此工具后，选区的边框上将出现 8 个小方块，把鼠标移入方块，可以拖曳方块改变选区的大小；如果鼠标在选区以外将变为旋转式指针，拖曳鼠标即可带动选定区域在任意方向上旋转，按键盘上的回车键即可得到旋转后的选区。若想取消操作，则按键盘上的<Esc>键。

11. 存储选区

执行"选择">"存储选区"命令，将弹出"存储选区"对话框。该命令用于将当前的选择区域存放到一个新的 Alpha 通道中。其可以在对话框中设置保存通道的图像文件和通道的名称。如新建通道的默认"名称"，系统将以"Alpha1、Alpha2、…"自动命名。

12. 载入选区

执行"选择">"载入选区"命令，将弹出"载入选区"对话框。该项命令用于调出 Alpha 通道中的选择区域，可以在"载入选区"对话框中设置通道所在的图像文件以及通道的名称。

2.2.2　移动与隐藏选区

1. 创建选区

创建选区后有时候需要将选区进行移动，可以通过以下两种方法来完成。

（1）使用鼠标移动选区时，选择任意一个选区工具并确认其属性栏中创建选区的方式为创建新选区，将鼠标移至选区内，鼠标显示为 ，按住鼠标左键拖曳即可移动选区，如图 2.2.2 所示。

（2）使用键盘移动选区时，每按一下方向键，选区会沿相应方向移动 1 个像素，在按住<Shift>键的同时按方向键，选区会以 10 个像素为单位移动。

图 2.2.2

2. 扩大选取与选取相似

可以使用"扩大选取"与"选取相似"来实现扩展选区操作。这两个命令所扩展的选区是与原选区颜色相近的区域。

（1）扩大选取：此项命令用于将选区在图像上延伸，把连续的、颜色相近的像素点一起扩充到选择区域内，颜色相近程度由魔棒工具的容差值决定。

（2）选取相似：此项命令的作用和"扩大选取"命令的作用相似，但是它所扩大的范围不局限于相邻的区域，它可以将不连续的颜色相近的像素点扩充到选择区域内。

对于如图 2.2.3 所示的选区，进行"扩大选取"与"选取相似"之后的效果如图 2.2.4 和图 2.2.5 所示。

图 2.2.3　　　　　　　　　　　图 2.2.4　　　　　　　　　　　图 2.2.5

2.2.3　精确调整选区

使用"选择"菜单中的"修改"命令可以对选区进行精确调整，如图 2.2.6 所示。

边界(B)…
平滑(S)…
扩展(E)…
收缩(C)…
羽化(F)…　Shift+F6

图 2.2.6

（1）边界：使用边界命令后，可以在当前选区的基础上创建一个环状的选区，也就是说给选区的边缘加上一定宽度。

（2）平滑：使用平滑命令可以对当前选区的边角进行圆滑处理，使选区变得平滑。

（3）扩展：使用扩展命令可以将当前选区向外扩大指定的像素。

（4）收缩：使用收缩命令可以将当前选区向内收缩指定的像素。

（5）羽化：通过创建选区与其周边像素的边界，使边缘模糊，产生融合效果。

2.2.4　选区的变换

在 Photoshop CS 3 中除了可以对选区进行精确调整之外，还可以对选区进行其他操作，主要是自由变换、翻转和变形等操作。"变换选区"命令用于对选区进行变形操作。选择此工具后，选区的边框上将出现 8 个小方块，把鼠标移入方块，可以拖曳方块改变选区的大小；如果鼠标在选区以外将变为旋转式指针，拖曳鼠标即可带动选定区域在任意方向上旋转，按键盘上的回车键即可得到旋转后的选区。若想取消操作，则按键盘上的<Esc>键。

1.　自由变换选区

在选区状态下若需要对选区进行大小、位置和角度等变换，需要使用"选择"菜单中的"变换选区"命令，此时选区进入自由变换的状态，如图 2.2.7 所示。

（1）移动选区：当鼠标变成 ▶ 形状时，按住鼠标左键拖曳鼠标即可移动选区。

（2）选区大小变换：当鼠标移动到上图框线上的小方框时，鼠标会变成 ↖、↗、↔、↕ 等形状，此时按住鼠标左键拖曳即可改变选区大小。

（3）旋转选区：将鼠标移至线框 4 个角外侧时鼠标变成 ↻ 形，此时按住鼠标左键拖曳即可旋转选区。

2.　变形选区

在自由变换状态下，单击"编辑"菜单的"变形"命令可以对选区进行相关的操作，菜单如图 2.2.8 所示。

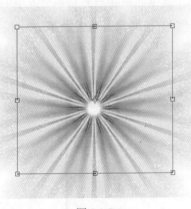

再次(A)	Shift+Ctrl+T
缩放(S)	
旋转(R)	
斜切(K)	
扭曲(D)	
透视(P)	
变形(W)	
旋转 180 度(1)	
旋转 90 度(顺时针)(9)	
旋转 90 度(逆时针)(0)	
水平翻转(H)	
垂直翻转(V)	

图 2.2.7　　　　　　　　　　　　图 2.2.8

（1）缩放：将选择区域中的图像或整个图层进行缩放操作，按住<Shift>键拖曳则可按比例缩放。

（2）旋转：将选择区域中的图像或整个图层进行旋转变形操作。

（3）斜切：将选择区域中的图像或整个图层进行倾斜变换操作，即按水平或垂直方向斜切。

（4）扭曲：将选择区域中的图像或整个图层进行扭曲变形操作。

（5）透视：将选择区域中的图像或整个图层进行透视变形操作。

（6）变形：将选择区域中的图像或整个图层进行拉伸变形操作。

3. 旋转与翻转选区

如图 2.2.8 所示菜单的下半段为旋转和翻转功能。

（1）旋转 180 度：将选择区域中的图像或整个图层旋转 180°。

（2）旋转 90 度（顺时针）：将选择区域中的图像或整个图层顺时针旋转 90°。

（3）旋转 90 度（逆时针）：将选择区域中的图像或整个图层逆时针旋转 90°。

（4）水平翻转：将选择区域中的图像或整个图层在水平方向上反转。

（5）垂直翻转：将选择区域中的图像或整个图层在垂直方向上反转。

4. 反选与取消选区

反选选区就是将图像中未被选择的区域变为所选区域，而使原来选择的区域变为未被选中的区域。在图像中创建选区后使用菜单栏"选择">"反向"命令或按<Ctrl+Shift+I>键，即可对选区进行反选操作。

在图像中创建选区后，执行"选择">"取消选区"命令或按<Ctrl+D>组合键即可取消选区。

2.3 选区的存储和载入

一、选区的存储

存储选区命令是将当前图像中的选区以 Alpha 通道的形式保存起来，操作方法为执行"选择">"存储选区"命令，此时将弹出"存储选区"对话框，如图 2.3.1 所示。可以在对话框中设置保存通道的图像文件和通道的名称，如新建通道的默认"名称"，系统将以"Alpha1、Alpha2、…"自动命名。

图 2.3.1

二、选区的载入

要将已经存储的选区载入，操作方法为单击"选择"菜单的"载入选区"命令，此时将弹出"载入选区"对话框，如图 2.3.2 所示。该项命令用于调出 Alpha 通道中的选择区域，可以在"载入选区"对话框中设置通道所在的图像文件以及通道的名称。

图 2.3.2

2.4　相关工具的使用

一般进行选择之后都需要对所选区域进行移动、复制、变形或其他相关操作，下面介绍几个常用的工具按钮。

2.4.1　移动工具

在成功选出选区后，可以使用移动工具在图像中移动这个选区。如果没有选择，可以使用移动工具移动当前选择图层的内容。要移动一个目标，先选择图层，再选择移动工具，然后把指针放在画布中，选择需要移动的区域，然后单击拖曳选区或者图层到新的位置。

移动工具的设置栏如图 2.4.1 所示。

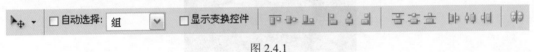

图 2.4.1

（1）选中"自动选择图层"选项，在使用移动工具时，将移动鼠标位置以下有像素的最上面一层。

（2）在选中"自动选择图层"选项后，"自动选择组"选项将处于可选状态。选中该选项后，当选择图层组中的某一个图层时，会自动选取其所在的图层组。

（3）选中"显示变换控件"选项，将显示选区或者图层不透明区域的边界定位框，通过边界定位框可以对对象进行最简单的缩放以及旋转的修改，一般用于矢量图形。

（4）"排列和分布"操作需要将多个图层进行链接或者在做出选区后，让层与层之间进行对齐和分布。

（5）如果当前图像有选区，将光标移动到选区内，然后按住鼠标左键拖曳，可以将选区内的图像拖曳到新的位置，相当于剪切和粘贴的操作，如图 2.4.2 所示。

图 2.4.2

2.4.2　裁剪工具

该工具用于图像的修剪，裁切工具的设置栏如图 2.4.3 所示。

图 2.4.3

（1）在设置框中可以输入数值以控制裁切框的大小，也可以输入分辨率，但是不管输入的分辨率有多大，最终的图像大小都与选项栏中所设定的尺寸及分辨率完全一样，即可以不输入数字，使用裁切工具进行裁切后，尺寸和拖拉出的裁切框尺寸相同并保持原图的分辨率。

（2）选中裁切工具在图像上拖拉，可以形成有 8 个把手的裁切框，如图 2.4.4 所示。当把光标放置在裁切框的角把手上时，其会变成双向箭头，表示可以缩放裁切框。按住鼠标拖拉就可以改变裁切框的大小，每边中间的把手用来移动单个的边，而其他部分不受影响。当鼠标移动到每个把手之外时，光标变成弧形，拖曳就可以旋转裁切框。裁切框的中心有一个图标表示旋转中心，可以用鼠标将其拖曳到任意位置。

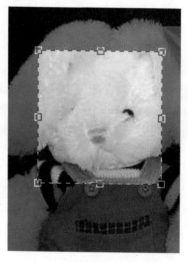

图 2.4.4

（3）当使用裁切工具画完裁切框后，选项栏如图 2.4.5 所示。

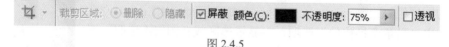

图 2.4.5

裁切区域后面有两个选项，如果选择"删除"选项，则执行裁切命令后，裁切框以外的部分会被删除；如果选择"隐藏"，则裁切框以外的部分会被隐藏起来，使用工具箱中的抓手工具可以移动图像，隐藏的部分可以移动出来；"屏蔽"选项可以使裁切框以外的图像被遮蔽起来，也可以选择遮蔽的颜色，"不透明度"可以设定遮蔽的显示透明度；选中"透视"选项后，裁切框的每个把手都可以任意移动，可以使正常的图像具有透视效果，也可以使透视效果的图像变成平面效果，如图 2.4.6 所示。

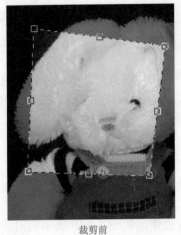

裁剪前　　　　　　　　　　　　　　裁剪后

图 2.4.6

2.4.3　切片工具

1. 切片工具

该工具可以用来分割图像，从而提高图像在网络上的传输速度。使用时在画面上拖曳鼠标确定要分割的区域，被分割的区域有数字编号，如图 2.4.7 所示。切片工具的对话框如图 2.4.8 所示。

图 2.4.7

图 2.4.8

2. 切片选择工具

该工具用于选择和调整切割区域，并且能够为切割区域指定链接地址。切片选择工具的选项栏设置框如图 2.4.9 所示。

图 2.4.9

（1）当使用切片选择工具选中切片时，选中的切片以黄色边框显示控制点，拖曳分割线可以调整切割区域的尺寸,将光标放置在切割区域之内,按住并拖曳鼠标可以调整切割区域的位置。

（2）设置框前面的 4 个按钮可以在切片重叠的时候调整切片的上下位置。

把所选切片调整到最上层。

把所选切片向上推移一层。

把所选切片向下推移一层。

把所选切片调整到最下层。

（3）单击（为当前切片设置选项）按钮，会弹出如图 2.4.10 所示的对话框，在这里可以进行 URL 等网络参数的设置。

（4）用切片工具画出的切片称为用户切片，除了用户切片，系统会自动生成一些自动切片，使用"提升为用户切片"命令，可以将这些自动切片转化成用户切片。

（5）单击"提升"按钮，可以对选中的切片再次进行不规则的切片。

（6）单击"划分"按钮，将弹出"划分切片"对话框，如图 2.4.11 所示。在这里可以将选中的切片划分为多个规则的切片。

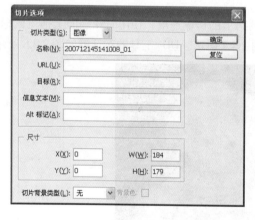

图 2.4.10　　　　　　　　　　　　　　　图 2.4.11

（7）单击"隐藏自动切片"选项可以将自动切片隐藏起来，画面只显示用户切片。

2.5　实例讲解

2.5.1　制作造型字效果

（1）执行菜单中的"文件"＞"新建"（或快捷键<Ctrl+N>）命令，在弹出的"新建"对话框中设置宽度和高度均为 200 像素，然后单击"确定"按钮，如图 2.5.1 所示。

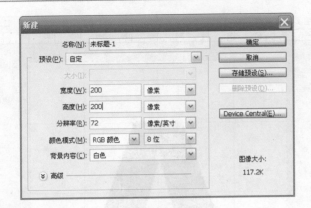

图 2.5.1

（2）选择工具箱上的T.（横排文字工具），设置为黑色的 150 像素大小的 Arial Black 字体，工具属性栏设置如图 2.5.2 所示。

图 2.5.2

（3）输入字符 A，单击"视图">"标尺"（或快捷键<Ctrl+R>），打开标尺。拖出两条辅助线确定舞台中心位置，将字母 A 移至舞台中央，如图 2.5.3 所示。

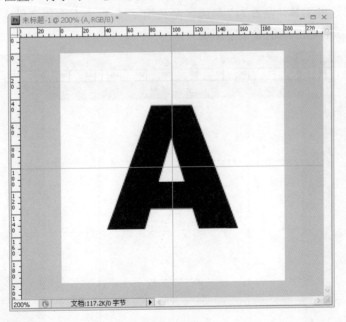

图 2.5.3

（4）在图层面板的文字图层上用鼠标右键单击选择"栅格化文字"，将文字图层转换为普通图层。按住<Ctrl>键，单击图层面板中的缩略图，将文字作为选区载入。使用"选择">"反向"命令或使用<Ctrl+Shift+I>组合键反向选择，然后再拖曳几根辅助线确定 A 的边界位置，如图 2.5.4 所示。

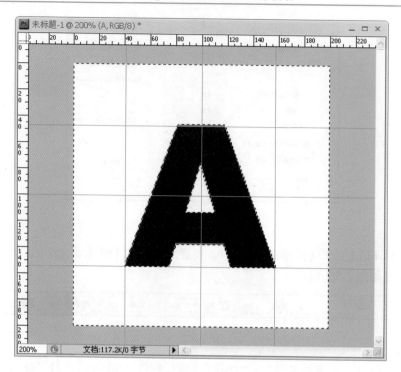

图 2.5.4

（5）选择矩形选框工具，设置为"与选区交叉"，绘制一个大小与字母 A 相同的矩形选框，得到如图 2.5.5 所示的选区，删除文字图层。

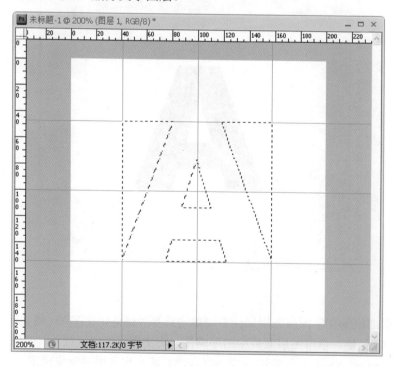

图 2.5.5

（6）选择矩形选框工具，设置为"从选区减去"，绘制一矩形选框并将选区下方的梯形选区去除，得到如图 2.5.6 所示的选区。

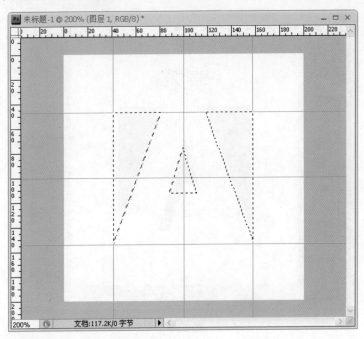

图 2.5.6

（7）选择多边形套索工具，设置为"添加至选区"，利用辅助线绘制一平行四边形，得到如图 2.5.7 所示的选区。

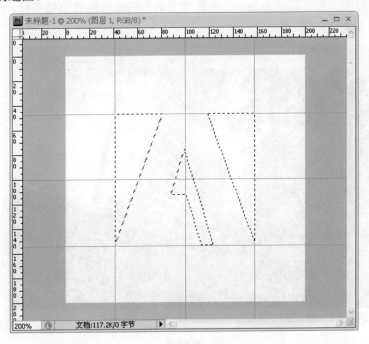

图 2.5.7

（8）在图层面板单击"新建图层"按钮，设置前景颜色为#FF0000，使用油漆桶工具或<Alt+Del>组合键使用前景色填充选区，得到最终的效果如图 2.5.8 所示。

图 2.5.8

2.5.2　校正倾斜的照片

（1）打开素材图，观察图像的缺陷，用裁剪工具沿图像边沿拉出裁剪框，注意勾选工具属性栏的透视项，如图 2.5.9 所示。

图 2.5.9

（2）用鼠标按住角上的控制点，水平拖到与房子墙面平行时释放鼠标，如图 2.5.10 所示。

图 2.5.10

（3）单击鼠标右键，选择裁剪，裁剪后的效果如图 2.5.11 所示。

图 2.5.11

（4）再次用裁剪工具沿图像边沿拉出裁剪框，把右下角控制点垂直拖到与地平线平行时释放鼠标，再单击鼠标右键，在弹出的菜单项中选择"裁剪"，如图 2.5.12 所示。

图 2.5.12

（5）裁剪后的效果如图 2.5.13 所示，现在图像基本正常了，左边的树还有些偏右方，可再进行一次裁剪。

图 2.5.13

（6）裁剪后的效果如图 2.5.14 所示。

图 2.5.14

2.5.3　制作竹子

（1）执行菜单中的"文件">"新建"（快捷键<Ctrl+N>）命令，在弹出的对话框中进行设置，如图 2.5.15 所示，然后单击"确定"按钮。

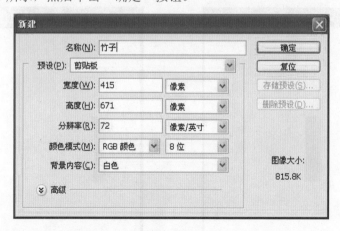

图 2.5.15

（2）执行"图层">"新建">"图层"，新建一图层，将该图层命名为"竹竿"。

（3）选择工具箱上的 ▣（矩形选框工具），在"竹竿"图层上新建一矩形选框，设置如图 2.5.16 所示。

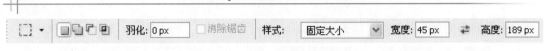

图 2.5.16

（4）选择工具箱上的 ▊ （渐变工具），打开"渐变编辑器"界面，设置颜色为渐变绿色（#99cc66、#2c5602），如图 2.5.17 所示，填充矩形选框，效果如图 2.5.18 所示。

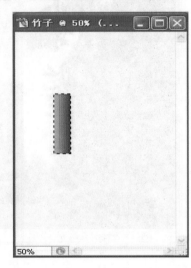

图 2.5.17   图 2.5.18

（5）取消选区<Ctrl+D>，选择工具箱上的 ○ （椭圆选框工具），在矩形区域边缘上画一个椭圆选区，如图 2.5.19 所示，然后按<Delete>键，删除被椭圆选区选中的部分，让矩形边缘呈现弧状。将该椭圆选区移到矩形的左侧如图 2.5.20 所示，然后按<Delete>键，将矩形左右两边都进行删除。

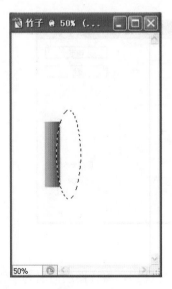

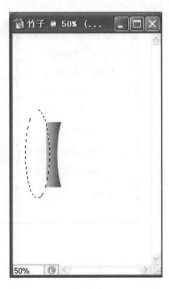

图 2.5.19   图 2.5.20

（6）执行"图层" > "新建" > "图层"，新建一图层，将该图层命名为"竹节"。选择工具箱上的 ◯（椭圆选框工具），在"竹节"图层上画一椭圆选区，然后选择 ▮（渐变工具），填充渐变绿色（#99cc66、#2c5602），如图 2.5.21 所示。取消选区，用椭圆选区工具再画一椭圆选区，如图 2.5.22 所示。

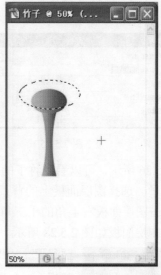

图 2.5.21　　　　　　　　　　　　　图 2.5.22

（7）按<Delete>键，将第二次椭圆选区内的区域删除，结果如图 2.5.23 所示，取消选区。此时所得对象大小若和竹竿不合适，则执行"编辑" > "变换" > "缩放"调整大小，如图 2.5.24 所示。

图 2.5.23　　　　　　　　　　　　　图 2.5.24

（8）调整后，选中"竹节"图层，单击鼠标右键选择"复制图层"命令，如图 2.5.25 所示。对"竹节"图层进行复制，选中"竹节副本"图层，执行"编辑" > "变换" > "缩放"调整大小，如图 2.5.26 所示。

图 2.5.25　　　　　　　　　　　　图 2.5.26

（9）如图 2.5.26 所示，可以看到竹子的其中一节已经制作完毕，接下来复制该竹节，制作出一棵完整的竹子。选择图层面板上的背景图层，点击 👁 （显示/隐藏）按钮，将背景图层隐藏起来，然后点击图层面板右上角的小三角，在弹出的菜单中选择"合并可见图层"选项，如图 2.5.27 所示。图层面板如图 2.5.28 所示。

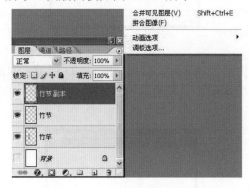

图 2.5.27　　　　　　　　　　　　图 2.5.28

（10）在图层面板上选中"竹节副本"图层，复制"竹节副本"三次，将每个图层上的竹节依次由下向上排列，如图 2.5.29 所示，再点击图层面板右上角的小三角，在弹出的菜单中选择"合并可见图层"选项。当前图层面板如图 2.5.30 所示。

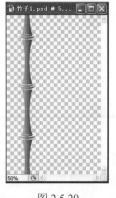

图 2.5.29　　　　　　　　　　　　图 2.5.30

（11）将"竹节副本 4"复制 5 次，然后分别调整每个图层对象的大小和位置，可以使用快捷键<Ctrl+T>或执行"编辑">"变换"命令下的变换选项。调整后效果如图 2.5.31 所示。摆放好位置后，合并图层，此时图层面板如图 2.5.32 所示。

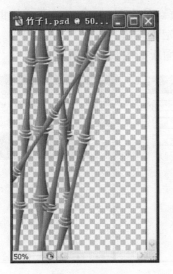

图 2.5.31　　　　　　　　　　　　　　图 2.5.32

（12）制作竹叶，在图层面板上选择 ▣（创建新图层按钮），新建一"竹叶"图层，在工具箱上选择 ◯（椭圆选区工具），绘制一个小的椭圆选区，确定前景色为淡绿色（#bbf399），填充椭圆选区，使用"编辑">"自由变换"调整竹叶的样式，如图 2.5.33 所示。复制两次该图层，使用"编辑">"自由变换"将三图层的竹叶位置摆放好，然后合并这三个图层，如图 2.5.34 所示。

（13）复制竹叶图层，将复制得到的竹叶按个人喜好摆放在竹子上，为了使竹叶在竹子上显得不一致，在摆放的同时可以配合使用"编辑">"自由变换"命令，使整个画面更加美观。在图层面板上选择背景图层，点击 ◉（显示/隐藏）按钮，将背景显示出来，最终效果如图 2.5.35 所示。

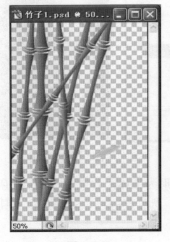
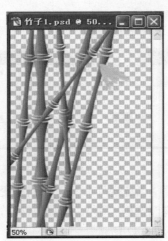
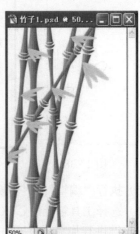

图 2.5.33　　　　　　　　　图 2.5.34　　　　　　　　　图 2.5.35

2.5.4 制作圆锥体

（1）执行菜单中的"文件">"新建"（快捷键<Ctrl+N>）命令，在弹出的"新建"对话框中进行设置，如图 2.5.36 所示，然后单击"确定"按钮。

（2）选择"图层">"新建">"图层"，图层面板如图 2.5.37 所示。

图 2.5.36　　　　　　　　　　　　　　　　　　图 2.5.37

（3）选择工具箱上的 ▢（矩形选框工具），在新建的图层 1 上画一矩形，如图 2.5.38 所示。

（4）选择工具箱上的 ▬（渐变工具），设置其颜色为灰白黑灰，设置内容如图 2.5.39 所示。填充矩形选框，得到一柱体，效果如图 2.5.40 所示。

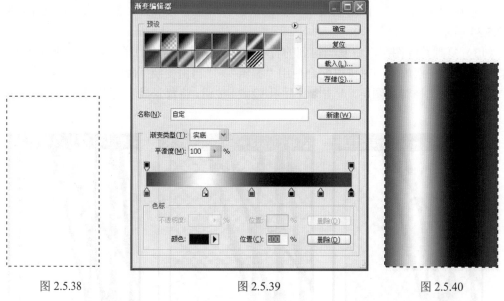

图 2.5.38　　　　　　　　　　　图 2.5.39　　　　　　　　　　　图 2.5.40

（5）执行"编辑">"变换">"透视"命令，使图像变形为锥体，效果如图 2.5.41 所示。

（6）选择工具箱上的 ◯（椭圆选框工具），画一个椭圆，然后点击 ▢（矩形选框工具），按<Shift>键进行加选，效果如图 2.5.42 所示。

图 2.5.41

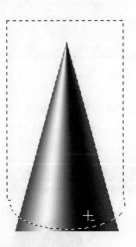

图 2.5.42

（7）执行"选择">"反向"命令，如图 2.5.43 所示，删除多余的部分，取消选择，最终效果如图 2.5.44 所示。

图 2.5.43　　　　　　　　　　图 2.5.44

2.5.5 变形树叶

（1）新建文件大小为 800px×600px。打开素材文件"树叶.jpg"，选择"魔棒工具"并单击空白处。执行"选择">"反向"命令，选择"树叶"，如图 2.5.45 所示。

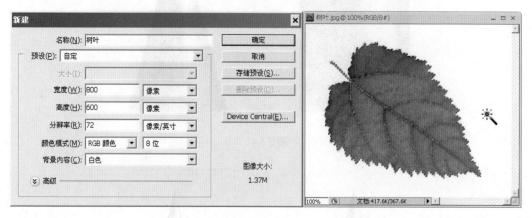

图 2.5.45

（2）使用移动工具移动树叶到新建的文件中得到"图层 1"，复制图层得到"图层 1 副本"。

（3）执行"编辑">"变换">"旋转"命令，旋转调整树叶的角度，拖曳按钮缩小到 70%，如图 2.5.46 所示。

图 2.5.46

（4）执行"编辑">"变换">"变形"命令，如图 2.5.47 所示。调整控制点，形状如图 2.5.48 所示。

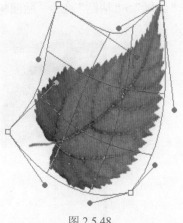

图 2.5.47　　　　　　　　　　　图 2.5.48

（5）再次复制"图层 1"得到"图层 1 副本 2"。按 Ctrl+T 旋转角度，如图 2.5.49 所示。

（6）执行"编辑">"变换">"变形"命令，调整控制点，使其形状如图 2.5.50 所示。

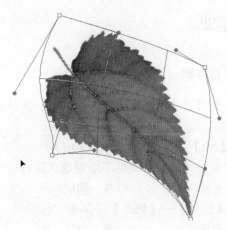

图 2.5.49　　　　　　　　　　　图 2.5.50

（7）按住<Ctrl>键单击"图层 1"缩略图，将图层作为选区载入，执行"选择">"修改">"羽化"命令，设置像素为 30，如图 2.5.51 所示。

（8）按下<Alt+Delete>键，填充背景黑色，如图 2.5.52 所示。

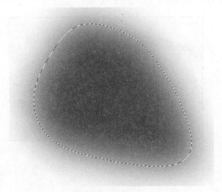

图 2.5.51　　　　　　　　　　　图 2.5.52

（9）执行"编辑">"粘贴"命令，贴回树叶。用同样的方法制作其他树叶效果，如图 2.5.53 所示。

图 2.5.53

课后作业

一、选择题

（1）如果要从已创建的选区中减去一部分选区，应在按住（   ）键的同时选择该选区中不需要的部分。

A.【Alt】　　　　　　B.【Ctrl】　　　　　　C.【Shift】　　　　　D.【Ctrl+Shift】

（2）通过"选择"菜单不能对选区进行（   ）操作。

A. 变换　　　　　　B. 羽化　　　　　　C. 选取相似　　　　D. 描边

（3）【选择】→【修改】子菜单下包括（   ）子命令。

A. 变换　　　　　　B. 羽化　　　　　　C. 扩展　　　　　　D. 平滑

（4）按（   ）键可以使用前景色填充图像选区。

A.【Shift+Delete】　B.【Alt+Delete】　　C.【Ctrl+Delete】　　D.【Delete】

（5）如图 2.6.1 所示，在图像 1 中有一个选区，那么在选区工具的选项栏中选择（   ）可以添加为图像 2 的选区效果。

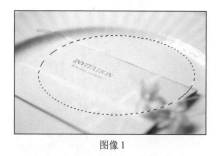 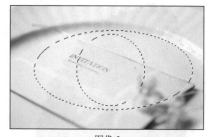

图像 1　　　　　　　　　　　　　　　　图像 2

图 2.6.1

A.　　　　　　　　B.　　　　　　　　C.　　　　　　　　D.

（6）在 Photoshop 中，使用（　　）可以将图 2.6.2 中左边的图像变为右边的效果。

A．裁切工具　　　　　　B．度量工具　　　　　　C．注释工具　　　　　　D．抓手工具

图 2.6.2

二、简答题

（1）工具箱中用于创建选区的工具主要有哪些？

（2）使用魔棒工具创建图像选区时，决定选区范围的因素主要有哪些？

（3）移动选区主要有哪几种方法？

（4）反选选区有什么作用，可以通过哪些方法反选选区？

三、上机操作题

（1）使用选区工具制作八卦图，主要利用椭圆选框工具和油漆桶工具来完成，完成的效果如图 2.6.3 所示。

（2）制作彩色光盘效果，主要利用椭圆选框工具和填充渐变工具来完成，完成的效果如图 2.6.4 所示。

图 2.6.3　　　　　　　　　图 2.6.4

第3章

绘　　图

在 Photoshop CS 3 中，很多图像都是由一些漂亮的图案构成的，怎样利用 Photoshop CS 3 画出这些漂亮的图案呢？这里可使用绘图工具。绘图工具可以在空白的图像中画出图画，也可以在已有的图像进行再创作，掌握好绘图工具可以使设计作品更精彩。

本章主要内容：

图像的绘制、图像的编辑技巧、图像的修复、图像的修饰。

本章重点：

图像的绘制、图像的编辑技巧。

本章难点：

图像的修饰。

3.1　图像的绘制

3.1.1　绘制工具（画笔工具）

Photoshop 中有两类主要的绘制工具：画笔和铅笔，如图 3.1.1 所示，画笔工具的边缘是消除锯齿的，而铅笔工具的边缘不是。除此之外，它们的操作大都相同。

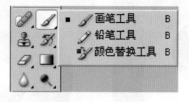

图 3.1.1

画笔工具可以模拟毛笔的效果在图像或选区中进行绘制，默认情况下，画笔工具创建柔边笔迹。选中画笔工具，其属性栏显示如图 3.1.2 所示。

图 3.1.2

（1）"画笔"：选取画笔和设置画笔选项。

（2）"模式"：在模式下拉列表中，可以选择在使用画笔工具作图时使用的颜色与底图的混合效果。

（3）"不透明度"：在不透明数值输入框中输入百分比或单击右侧按钮调节三角形滑块，可以设置绘制图形的透明度。

（4）"流量"：对于画笔工具，指定流量（流动速率）。

（5）"喷笔"：单击喷枪按钮可将画笔用作喷枪，或者在"画笔"调板中选择"喷枪"。

（6）"画笔调板"按钮可以打开画笔调板，如图 3.1.3 所示。

① 设定画笔的主直径。在"画笔预设"项目中可以拖曳滑块来设定画笔的主直径。

② "画笔笔尖形状"设置框。如图 3.1.4 所示，"画笔笔尖形状"可以选择笔尖的形状。

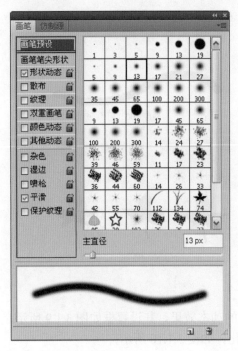

图 3.1.3   图 3.1.4

- "直径"可以确定笔尖的大小；
- "角度"可以确定画笔长轴的倾斜角度，如图 3.1.5 所示分别为角度为 0°和 90°时画笔的比较；
- "圆度"表示椭圆短轴与长轴的比例，如图 3.1.6 所示分别为圆度为 100%和 10%时的比较；
- "硬度"表示所画线条边缘的柔化程度，如图 3.1.7 所示分别为硬度为 0 和 100 时画笔的比较；

● "间距"表示画笔标志点之间的距离，如图 3.1.8 所示分别为间距为 10%和 100%时画笔的比较。如果不选中该选项，则所画出的线条将依赖于鼠标移动的速度：移动快则两点间的距离大，移动慢则两者间的距离小。

角度 0   角度 90

图 3.1.5

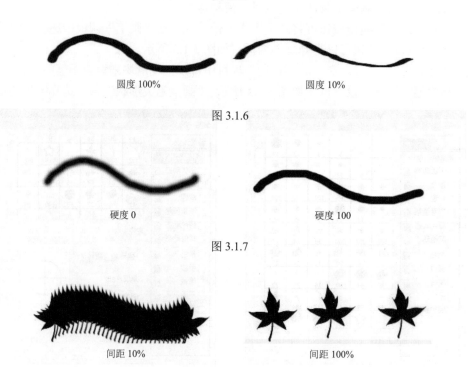

圆度 100%   圆度 10%

图 3.1.6

硬度 0   硬度 100

图 3.1.7

间距 10%   间距 100%

图 3.1.8

③ "动态形状"选项。该选项用来增加画笔的动态效果。其设置框如图 3.1.9 所示。

● "大小抖动"用来控制笔尖动态大小的变化，如图 3.1.10 所示；

● "控制"包括"无""渐隐""钢笔压力""钢笔斜度""光笔轮"5 个选项，如图 3.1.11 所示为将控制设定为"渐隐"，将最小直径设定为 0%的画笔形状。

④ "散布"选项。该选项用来决定绘制线条中画笔标记点的数量和位置，其设置框如图 3.1.12 所示。

● "散布"用来指定线条中画笔标记点的分布情况，可以选择两轴同时散布："数量"用来指定每个空间间隔中画笔标记点的数量；"数量抖动"用来定义每个空间间隔中画笔标记点的数量变化。

⑤ "纹理"选项。该选项可以将纹理叠加到画笔上，产生在纹理画面上作画的效果，其设置框如图 3.1.13 所示。

图 3.1.9

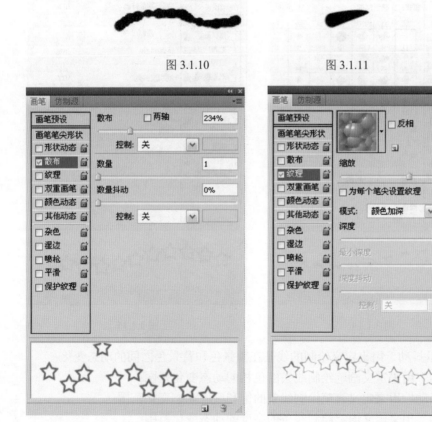

图 3.1.10

图 3.1.11

图 3.1.12

图 3.1.13

- "反相"用来使纹理成为原始设定的反相效果；
- "缩放"用来指定图案的缩放比例；
- "为每个笔尖设置纹理"用来定义是否每个画笔标记点都分别进行渲染；
- "模式"用来定义画笔和图案之间的混合模式；
- "深度"用来定义画笔渗透图案的深度。100%时只有图案显示，0%时只有画笔的颜色，图案不显示；
- "最小深度"定义画笔渗透图案的最小深度；
- "深度抖动"定义画笔渗透图案的深度变化。

⑥ "双重画笔"选项。该选项就是用两种笔尖效果创建画笔，其设置框如图 3.1.14 所示。

- "模式"用来设置一种原始画笔和第二个画笔的混合方式；
- "直径"用来设置第二个笔尖的大小；
- "间距"用来设置第二个画笔在所画线条中标记点之间的距离；
- "散布"用来设置第二个画笔在所画线条中的分布情况；
- "数量"用来指定每个空间间隔中第二个画笔标记点的数量。

⑦ "颜色动态"选项。用来决定在绘制线条的过程中颜色的动态变化情况，其设置框如图 3.1.15 所示。

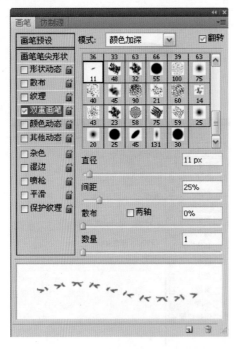
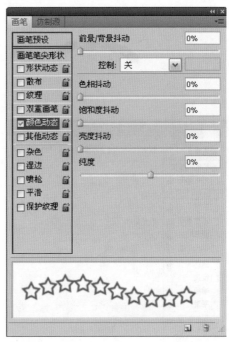

图 3.1.14   图 3.1.15

- "前景/背景抖动"用来定义绘制的线条在前景色和背景色之间的动态变化；
- "色相抖动"用来定义画笔绘制线条的色相的动态变化范围；
- "饱和度抖动"用来定义画笔绘制线条的饱和度的动态变化范围；
- "亮度抖动"用来定义画笔绘制线条的亮度的动态变化范围；
- "纯度"用来定义颜色的纯度。

⑧ "其他动态"选项。用来决定在绘制线条的过程中不透明度和流畅度的动态变化情况，其设置框如图 3.1.16 所示。

⑨ "杂色"可以给画笔增加自由随机效果，对于软边的画笔效果尤其明显。

⑩ "湿边"可以给画笔增加水笔的效果。

⑪ "喷枪"可以使画笔模拟传统的喷枪效果，使图像有渐变色调的效果。

⑫ "平滑"使绘制的线条产生更流畅的曲线。

⑬ "保护纹理"用来对所有的画笔执行相同的纹理图案和缩放比例。

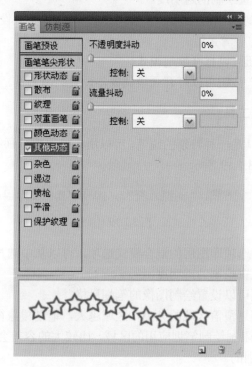

图 3.1.16

3.1.2 历史画笔工具

历史画笔工具和画笔工具一样，都是绘图工具，但它们又有自己独特的作用。使用历史记录画笔工具可以非常方便地恢复图像至任一操作，而且还可以结合属性栏中的画笔形状、不透明度和混合模式等选项设置制作出特殊的效果。此工具必须结合历史记录面板配合使用。

历史画笔工具当中包含历史记录画笔工具 和历史记录艺术画笔工具 两个工具，如图 3.1.17 所示。

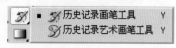

1. 历史记录画笔工具

图 3.1.17

历史记录画笔工具是一种特别的画笔，可以用来复制图像的一个旧版本到当前版本。要使用历史记录画笔工具，首先在历史调板上单击紧挨着历史状态或者快照的矩形（一个历史记录画笔图标会紧挨着资源出现），其中的历史状态或者快照是需要作为资源用在历史记录画笔工具中的。选择绘制的图层（必须是一个在历史资源中对应的图层），设置画笔选项，然后开始绘制。其设置框如图 3.1.18 所示。

图 3.1.18

（1）"模式"选框中的选项即图层的混合模式选项，可以从中选择一种应用于画笔。

（2）"不透明度"可设置绘制的透明度。

（3）"流量"用来控制画笔的流量，主要用来在小写字板上设置画笔笔划颜色流出的速度。

（4）选中"喷枪"按钮可以打开喷笔模式。

（5）选中"画笔调板"按钮可以打开画笔调板，设置画笔工具。

2. 历史记录艺术画笔工具

历史记录艺术画笔工具是一种特别的画笔，可以用来使用各种画笔的笔划风格复制图像的以前版本。其设置框如图 3.1.19 所示。

图 3.1.19

（1）"模式"选框中的选项即图层的混合模式选项，可以从中选择一种应用于画笔。

（2）"不透明度"可设置绘制的透明度。

（3）"样式"列表选项可以设置绘制图像的笔划风格。

（4）"区域"指画笔笔划覆盖区域的大小，区域越大，笔划覆盖得越多。

（5）"容差"可以用来限制绘制笔划应用的区域，比较大的容差会限制该区域的绘制笔划，这个区域是与源颜色有区别的。

3.2 图像的编辑

3.2.1 橡皮擦工具

图 3.2.1

要使用橡皮擦工具，选择需要擦除的图层，然后选择需要的橡皮擦工具，设置橡皮擦属性，然后单击并在需要擦除的区域上拖曳，如图 3.2.1 所示。

1. 橡皮擦工具

该工具可以将图像擦除，露出工具箱中的背景色，并可将图像还原到历史面板中图像的任何一个状态。橡皮擦工具设置框如图 3.2.2 所示。

图 3.2.2

（1）"画笔"：选取画笔并设置画笔选项，该选项不适用于"块"模式。

（2）"模式"：选取橡皮擦模式，包含"画笔""铅笔"或"块"。

（3）"不透明度"：指定不透明度以定义抹除强度。

（4）"流量"：在"画笔"模式中，指定流动速率。

（5）"喷枪"：在"画笔"模式中，单击"喷枪"按钮可将画笔用作喷枪。

（6）"抹到历史记录"：要抹除图像的已存储状态或快照，请在"历史记录"调板中单击状态或快照的左列，然后选择选项栏中的"抹到历史记录"。

2. 背景色橡皮擦工具

背景色橡皮擦工具可用于在拖曳时将图层上的像素抹成透明，从而可以在抹除背景的同时在前景中保留对象的边缘。背景色橡皮擦工具设置框如图 3.2.3 所示。

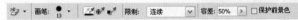

图 3.2.3

（1）"画笔"：选取画笔并设置画笔选项，该选项不适用于"块"模式。

（2）"取样"："取样"图标按钮包"连续" "一次" "背景色板" 。

（3）"限制"：选取抹除的限制模式，包含"不连续""临近""查找边缘"。

（4）"容差"：可输入值或拖曳滑块。

（5）"保护前景色"：可防止抹除与工具框中前景色匹配的区域。

3. 魔术橡皮擦工具

魔术橡皮擦工具可以根据颜色的近似程度来确定将图像擦成透明的程度，其设置框如图 3.2.4 所示。

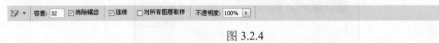

图 3.2.4

当使用魔术橡皮擦工具在图层上单击时，工具会自动将所有相似的像素变为透明，如果针对的是背景色，则操作完成后变成普通层，如果是锁定透明的图层，则像素变为背景色。

（1）"容差"：低容差会抹除颜色值范围内与单击像素非常相似的像素，高容差会抹除范围更广的像素。

（2）"消除锯齿"：可使抹除区域的边缘平滑。

（3）"连续"：只抹除与单击像素临近的像素，取消选择则抹除图像中的所有相似像素。

（4）"对所有图层取样"：利用所有可见图层中的组合数据来采集抹除色样。

（5）"不透明度"：定义抹除强度。100%的不透明度将完全抹除像素，较低的不透明度将部分抹除像素。

3.2.2 填充工具

Photoshop 中有两种工具可以大面积地添加颜色，如图 3.2.5 所示。使用"渐变工具"可添加一系列颜色，且使之平滑地从一种颜色流动到下一种颜色；使用"油漆桶工具"可"倾倒"一种实心的

图 3.2.5

颜色到全部或者部分图像上。

1. 渐变工具

该工具用来填充渐变色，其设置框如图 3.2.6 所示。

图 3.2.6

使用该工具的方法是按住鼠标拖出一条直线，直线的长度和方向决定了渐变填充的区域和方向，如果有选区，则渐变作用于选区之中，如果没有选区，则渐变应用于整个图像。

（1）单击渐变颜色条右侧的黑三角，弹出渐变面板，如图 3.2.7 所示，选择需要的渐变样式。

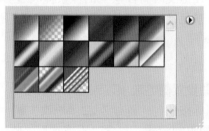

图 3.2.7

（2）如果需要编辑渐变，可以单击渐变颜色条，此时弹出"渐变编辑器"对话框，如图 3.2.8 所示。可以通过更改渐变效果预示色条来改变当前的渐变类型。

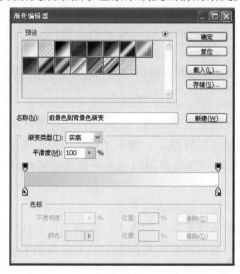

图 3.2.8

① 色条下面悬挂的小桶代表色标，可以通过下面的颜色选择框选出它的颜色，色条上面悬挂的小桶代表不透明性色标，可以设置此处的颜色不透明度。两个小桶之间的菱形块是不透明性中点，用来设定两个小桶颜色的中间过渡点，此点的颜色为两边的颜色各占 50%，其透明度也为两边所设置透明度的中间点。

② 用鼠标直接在颜色预示条上单击即可以增加颜色标记点或者不透明度标记点，直接用鼠标拖曳就可以移动这些标记点。

③ 选中标记点，按<Delete>键就可以将这些标记点删除。

④ 设置好颜色后，单击"新建"按钮即可存储该渐变，在渐变显示窗口中可以看到新定义的渐变色。

⑤ 在"渐变类型"弹出菜单中包含两个选项，一是常用的"实底"，二是"杂色"，选中该选项，对话框变成如图 3.2.9 所示。

- "粗糙度"用来控制杂色渐变颜色的平滑度，数值范围是 0%～100%，数值越高代表颜色平滑度越差。
- "色彩模式"选择基础颜色的色彩模式，包括 RGB 模式、HSB 模式和 Lab 模式。
- "增加透明度"用来增加渐变的透明效果。
- 单击"随机化"按钮，杂色渐变会重新取样，产生新的杂色渐变。

（3）在渐变工具栏上可以选择不同类型的渐变，Photoshop CS 3 包含 5 种渐变 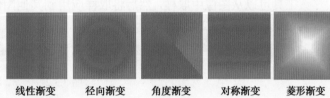，分别是：线性渐变、径向渐变、角度渐变、对称渐变和菱形渐变，效果如图 3.2.10 所示。

图 3.2.9

线性渐变   径向渐变   角度渐变   对称渐变   菱形渐变

图 3.2.10

（4）"模式"选项可以设定渐变色和底图的混合模式。

（5）"不透明度"选项可以改变整个渐变的透明度。

（6）"仿色"选项用来控制色彩的显示。

（7）"反向"选项可以使现有的渐变色逆转方向。

（8）"透明区域"选项可以对渐变填充使用透明蒙版。

2. 油漆桶工具

该工具可以根据像素颜色的近似程度来填充颜色，填充的颜色为前景色或者连续图案，油漆桶工具的工具栏如图 3.2.11 所示。

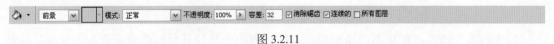

图 3.2.11

（1）"填充"选框有两个选项，如果选择"前景"，则在图像中填充的就是前景色；如果选择"图案"，则在后面的图案弹出面板中可以选择需要的图案。

（2）"模式"选项用来定义填充和图像的混合模式。

（3）"不透明度"用来定义填充的不透明度。

（4）"容差"用来控制油漆桶工具每次填充的范围，数字越大，容许填充的范围就越大。

（5）"消除锯齿"：选中该选项，可以使填充的边缘保持平滑。

（6）"连续的"：选中该选项后，填充的区域是与鼠标单击点相似并连续的部分；否则，填充区域是所有和鼠标单击点相似的像素，而不管是否和单击点连续。

（7）"所有图层"：当选中该选项后，不管当前在哪个层上操作，所使用的油漆桶工具都起作用。

3.3　图像的修复

3.3.1　图章工具

图 3.3.1

图章工具是与画笔类似的工具，可以用来复制部分图像或者预先设置图案到图像中。图章工具有两种，分别是仿制图章工具和图案图章工具，如图 3.3.1 所示。

1. 仿制图章工具

该工具可以从图像中取样，然后将取样应用到其他图像或者本图像上，产生类似复制的效果。其设置框如图 3.3.2 所示。

图 3.3.2

（1）取样的方法：按住<Alt>键在图像上单击设置取样点，然后松开鼠标，将鼠标移动到其他位置，当再次按下鼠标键时，会出现一个十字形表明取样位置并且和仿制图章工具相对应，拖曳鼠标就会将取样位置的图像复制下来，如图 3.3.3 所示分别为复制前后的图像。

图 3.3.3

（2）"对齐"选项：如果不选择此项，复制过程中一旦松开鼠标就表示这次的复制工作结束，当再次按下鼠标键时，表示复制重新开始，每次复制都从取样点开始；如果选中该选项，则下一次复制的位置会和上一次的完全相同，图像的复制不会因为终止而发生错位。

2. 图案图章工具

该工具可以将各种图案填充到图像中，其设置框如图 3.3.4 所示。其设定和仿制图章工具栏类似，不同的是图案图章工具直接以图案进行填充，不需要进行取样。

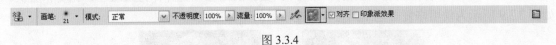

图 3.3.4

（1）使用图案图章工具，首先需要定义一个图案。方法是选择一个没有羽化的矩形，然后执行"编辑"＞"定义图案"命令，在弹出的对话框中填写好名称后单击"确定"按钮进行确认，如图 3.3.5 所示。

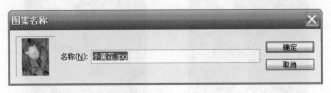

图 3.3.5

（2）定义好图案后，可以直接用图案图章工具在图像内进行绘制，图案是一个一个整齐排列的。

（3）"对齐"：选中该选项，则无论复制过程中停顿了多少次，最终的图案位置都会非常整齐，如果不选择该选项，则一旦图案图章工具在使用过程中中断，再次开始时图案就不能以原先的规则排列。

（4）"印象派效果"：选中该选项，复制出的图案将产生印象画派般的效果。

3.3.2 修复工具

修复工具主要用于校正图像中的瑕疵，让人感觉不出图像被修复过。如图 3.3.6 所示，Photoshop CS 3 中有 4 种修复工具，其中"红眼工具"是 Photoshop CS 3 中新增加的功能。

图 3.3.6

1. 污点修复画笔工具

其设置框如图 3.3.7 所示。

该工具可以用于去除照片中的杂色或者污斑。使用此工具时，不需要进行采样操作，只需要用此工具在图像中有杂色或者污斑的地方单击一下即可去除此处的杂色或者污斑。

图 3.3.7

2. 修复画笔工具

该工具可以修复图像中的缺陷，并且能够使修复的结果自然融入周围的图像，其设置框如图 3.3.8 所示。

图 3.3.8

它和仿制图章工具类似，都是先按住<Alt>键单击鼠标采集取样点，然后进行复制或者填充图案，它可以将取样点的像素信息自然融入到复制的图像位置并保持其纹理、亮度和层次。如图 3.3.9 所示为使用修复画笔工具进行修复前后的图像比较。

图 3.3.9

3. 修补工具

该工具可以使用图案来修补当前选中的区域。与修复画笔工具类似的是修补工具在修复的同时也保留了图像原来的纹理、亮度和层次等信息，其设置栏如图 3.3.10 所示。

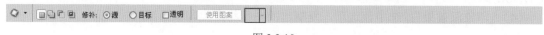

图 3.3.10

（1）使用修补工具的方法：首先确定要修补的区域，可以直接使用修补工具在图像上拖曳并圈选区域，然后使用修补工具在选区内按住鼠标拖拉，将该选区拖曳到另外的区域，松开鼠标，原来圈选的区域就被拖曳来的区域内容取代了。

（2）"源"：选中该选项，则原来圈选的区域内容被移来的区域内容所替代，如果选择"目的"选项，则需要将目的选区拖曳到需要修补的区域。

（3）当使用任何一种工具创建完选区后，"使用图案"按钮即变成可选项，单击"使用图案"按钮可以使图像中的选区被填充上所选择的图案，结果如图 3.3.11 所示。

图 3.3.11

4. 红眼工具

红眼工具在第一章内有介绍，因此不再赘述。其设置框如图 3.3.12 所示。

图 3.3.12

3.4　图像的修饰

3.4.1　扭曲工具

模糊、锐化和涂抹工具是根据需要扭曲一点或者大部分图像的画笔工具，如图 3.4.1 所示。

图 3.4.1

（1）"模糊工具"：通过模糊区域之间的差异达到这个目的，使它们看起来好像偏离中心。

（2）"锐化工具"：该工具是模糊工具的反转，可使区域之间的差异锐化。

（3）"涂抹工具"该工具能控制图像，使之看起来像手指在图像上把颜色涂抹在一起一样。

以上 3 个工具共享同样的选项，只是涂抹工具增加了一个手指绘制选项，下面就来讲解"涂抹工具"的设置。其设置框如图 3.4.2 所示。

图 3.4.2

（1）"强度"：可以用该选项控制作用在画面上的工作力度，数值越大，鼠标拖出的线条就越长，反之则越短。如果强度设置为 100%，则可以拖出无限长的线条来，直到鼠标松开。

（2）"对所有图层取样"：选中该选项时，涂抹工具对所有图层上的像素起作用。

（3）"手指绘画"：选中该选项，在每次拖拉鼠标开始绘制时就会使用工具箱中的前景色，如果此时将"强度"选项设定为 100%，则绘图效果与画笔工具完全相同。

如图 3.4.3 所示为对图像做扭曲处理前后的效果对比。

原图

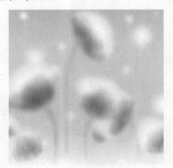

使用模糊工具

图 3.4.3

使用锐化工具　　　　　　　　　　　　　使用涂抹工具

图 3.4.3（续）

3.4.2　曝光工具

图 3.4.4

Photoshop 中的一些工具用于模仿胶片的曝光过程，如图 3.4.4 所示。

1．减淡工具 和加深工具

（1）减淡工具是一种特别的画笔工具，用来加亮图像区域。

（2）加深工具与减淡工具刚好相反，是用来变暗图像区域的一种画笔工具。

减淡工具和加深工具共享相同的选项，下面以减淡工具为例来讲解。其设置框如图 3.4.5 所示。

图 3.4.5

① "范围"：可以选择"暗调""中间调"和"高光" 3 种减淡处理的类型。

② "曝光度"：控制减淡工具的使用效果，曝光度越高，效果越明显。

③ "喷枪"：选中该按钮可以使减淡工具具有喷枪的效果。

④ "画笔调板"：选中该按钮可以打开画笔调板，设置画笔工具。

⑤ "保护色调"：如果希望在操作后图像的曝光不会变异，可以选中此复选框。

如图 3.4.6 所示为对图像做减淡和加深前后的效果。

原图　　　　　　　　　　使用减淡工具　　　　　　　　　使用加深工具

图 3.4.6

2. 海绵工具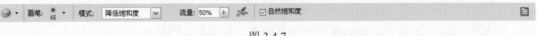

海绵工具是用来增加图像颜色的饱和度和对比度的一种画笔工具。其设置框如图 3.4.7 所示。

图 3.4.7

①"模式"：该选框中包含两个内容："降低饱和度"选项可以减少图像中某部分的饱和度；而"增加饱和度"选项将增加图像中某部分的饱和度。

②"流量"：该选项用来控制加色或者去色的程度，其百分数越高，效果越明显。

③"喷枪"：选中该按钮可以使减淡工具具有喷枪的效果。

④"自然饱和度"：在选中此复选框后，可以在增加或降低饱和度的同时针对图像的亮度进行适当的调整，从而使调整的效果更为自然。

⑤"画笔调板"：选中该按钮可以打开画笔调板，设置画笔工具。

如图 3.4.8 所示为使用海绵工具前后的效果。

原图　　　　　　　　　　　　去色模式　　　　　　　　　　　　加色模式

图 3.4.8

3.4.3 辅助工具

路径工具 和文字工具 的知识分别见路径和图层章节。

1. 几何图形工具

使用该工具可以快速创建各种矢量图形，其包含 6 个选项，如图 3.4.9 所示。

图 3.4.9

（1）单击 图标表示新建图形图层，其设置栏如图 3.4.10 所示。

图 3.4.10

（2） 4 个工具表示绘制图形的运算模式，分别是：添加模式、减去模式、交集模式和排除模式，其显示效果如图 3.4.11 所示。

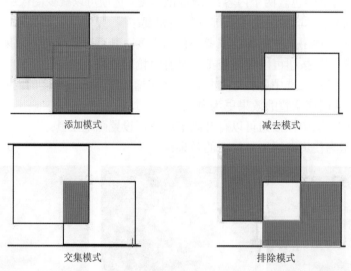

图 3.4.11

（3）单击 图标表示产生工作路径，其设置栏如图 3.4.12 所示。

图 3.4.12

（4）单击图标 表示建立填充区域，其设置栏如图 3.4.13 所示。该图标可以进行模式的选择、改变透明度和选择消除锯齿。

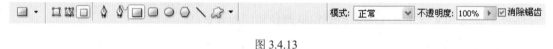

图 3.4.13

（5）直线工具用来在图像上绘制直线，其设置栏如图 3.4.14 所示。该设置栏比前面的工具多了一项功能，即设置线的粗细。

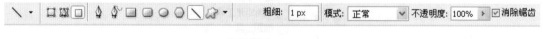

图 3.4.14

（6）自定义形状工具的设置栏如图 3.4.15 所示，该设置栏比前面的工具多了一项功能，即设置自定义形状选项。

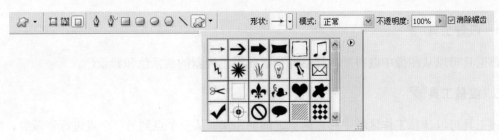

图 3.4.15

2. 文本注释工具

该工具用于在电子传递时添加文本注释。

（1）使用该工具在图像上单击，会弹出一个文本输入窗口，如图 3.4.16 所示。此时可以在这里输入注释的文字。

图 3.4.16

（2）注释文字的设置栏如图 3.4.17 所示，可以在这里更改文字的属性。

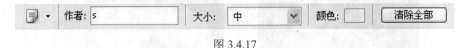

图 3.4.17

（3）在 标志上拖曳鼠标可以将注解进行移动，注释内容栏也可以进行拖曳。

（4）单击图 3.4.16 中文本输入框右上角的按钮可以缩小图标，此时图像上只显示 标志。

3. 声音注释工具

该工具用于为图像添加声音注释。选择该工具在图像上单击，会弹出如图 3.4.18 所示的对话框，单击"开始"按钮录制声音，单击"停止"按钮完成操作，此时图像上只显示 图标。

图 3.4.18

4. 吸管工具

该工具可以从图像中取得颜色样品并指定此颜色为新的前景色和背景色。

5. 度量工具

该工具可以计算工作区域中任意两点之间的距离。从一个点到另一个点进行测量时，将绘制非打印线条。拖曳线条的一端，信息面板将动态显示相应的信息。

6. 缩放工具

该工具用于将图像放大或者缩小，其设置栏如图 3.4.19 所示。

图 3.4.19

（1）在图标显示为放大工具时，按住<Alt>键也可以暂时切换到缩小工具。

（2）"调整窗口大小以满屏显示"：选中该选项，无论放大或者缩小视图，窗口都将跟随画面大小一起变化。

（3）"缩放所有窗口"：表示缩放所有内容。

（4）"实际像素"：按照实际像素的大小显示图像而不受窗口的限制。

（5）"适合屏幕"：图像按照适应窗口的大小显示。

（6）"打印尺寸"：按照打印大小显示图像。

（7）用缩放工具最大可以将图像放大 16 倍，每次单击，图像就会放大到下一个预定的百分比并以单击点为中心显示。

（8）使用缩放工具在要放大的图像部分上拖曳，缩放框以内的区域会以可能的倍数显示，如图 3.4.20 所示。

图 3.4.20

7. 抓手工具

当图像窗口出现滚动条时，使用抓手工具拖曳可以查看图像的不同部分，其设置栏如图 3.4.21 所示，内容与缩放工具类似。

图 3.4.21

3.5 实例讲解

3.5.1 立方体的绘制

（1）按下键盘上的<Ctrl+N>组合键或执行菜单栏上的"文件">"新建"命令，打开"新建"对话框，设置如图 3.5.1 所示。

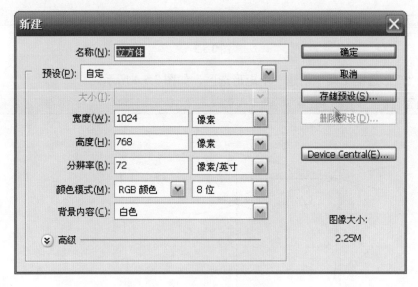

图 3.5.1

（2）选择"直线工具"（快捷键 U），在选项栏上设置该工具，如图 3.5.2 所示。

图 3.5.2

（3）新建图层，将其命名为"结构线"，用"直线工具"根据"透视"构图原理绘制立方体的结构线，如图 3.5.3 所示。

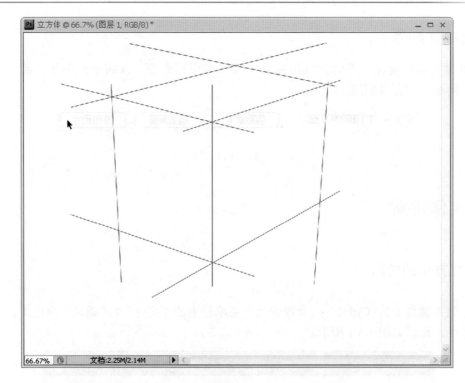

图 3.5.3

（4）用"矩形选框工具"创建一个矩形选区，如图 3.5.4 所示。

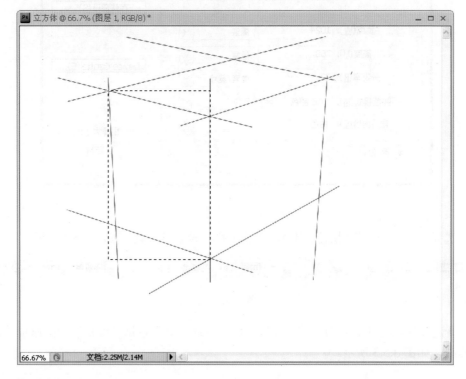

图 3.5.4

（5）执行菜单栏上的"选择" > "变换选区"命令或用鼠标右键单击文档窗口，在快捷菜单中选择"变换选区"命令可自由变换该矩形选区。按下<Ctrl>键不放可以自由拖曳控制点；同时按下<Ctrl+Shift>键不放可以垂直拖曳控制点。参照结构线，将控制点拖曳到合适位置，如图 3.5.5 所示。

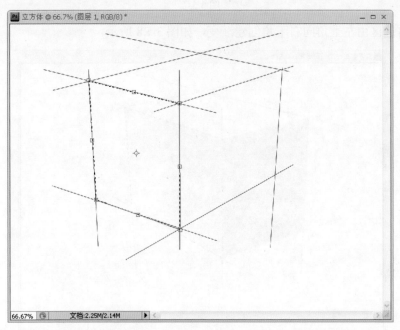

图 3.5.5

（6）新建图层，在选区内填充明度较高的灰色（颜色接近即可），如图 3.5.6 所示。

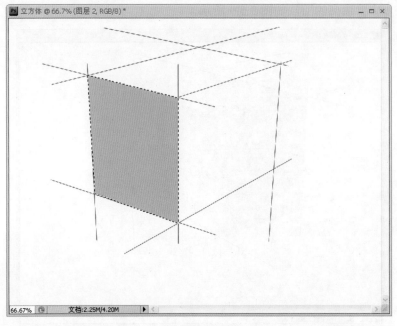

图 3.5.6

（7）新建图层，按上面的方法绘制右侧的矩形选区。设置前景色和背景色分别为深灰色和白色，选择"渐变工具"，在选项栏上设置该工具，如图 3.5.7 所示。

图 3.5.7

（8）在自选区由左上角向右下角创建渐变，如图 3.5.8 所示。

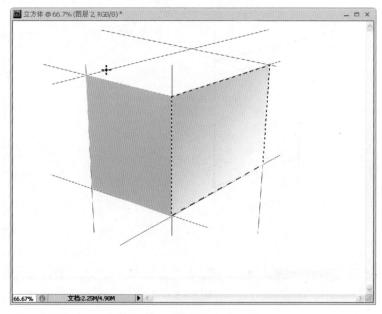

图 3.5.8

（9）进一步完善顶部的面，如图 3.5.9 所示。

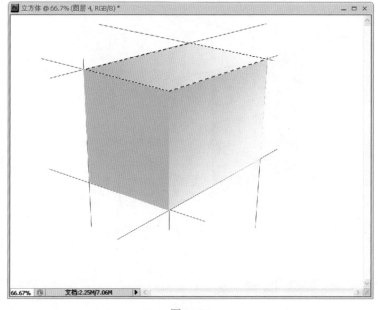

图 3.5.9

（10）下面将立方体处理得更真实些。选择"减淡工具"，按图 3.5.10 所示设置该工具在选项栏上的选项。

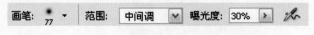

图 3.5.10

（11）用"减淡工具"分别涂抹 3 个图层，不要过于均匀，这样效果才更真实，注意刻画光照后高光的效果，如图 3.5.11 所示。

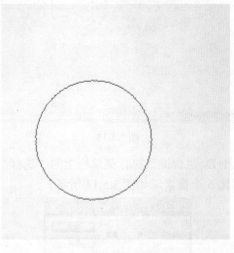

图 3.5.11

（12）用"加深工具"将右侧图层图形边缘也就是明暗交界部位加深，如图 3.5.12 所示。

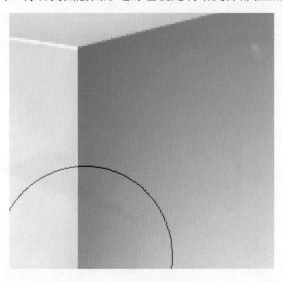

图 3.5.12

（13）在背景层上新建图层，命名为"投影"，用"多边形套索工具"绘制如图 3.5.13 所示的选区。

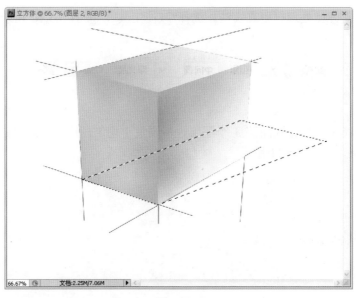

图 3.5.13

（14）按下键盘上的<Ctrl+D>组合键或执行菜单栏上的"选择"＞"羽化"命令，打开"羽化选区"对话框，将选区羽化 5 个像素，如图 3.5.14 所示。

图 3.5.14

（15）设置前景色为"深灰色"（色彩相近即可），按下键盘上的<Alt+Delete>组合键，在选区内填充前景色，如图 3.5.15 所示。

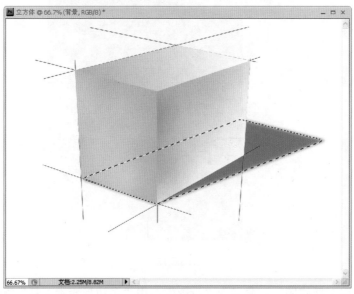

图 3.5.15

（16）最后，取消选区，用笔触"硬度"较低的、"主直径"较大的（"硬度"和"主直径"的设置方法是用鼠标右键单击文档窗口，在弹出的调板中调整，如图 3.5.16 所示）"橡皮擦工具"（快捷键 E）将"投影"的相应部分擦淡，立方体的绘制就完成了，如图 3.5.17 所示。

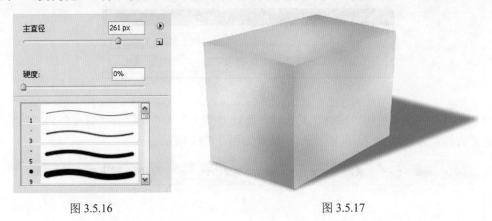

图 3.5.16 图 3.5.17

3.5.2 绘画羽毛

（1）打开素材文件 feather.jpg，如图 3.5.18 所示。

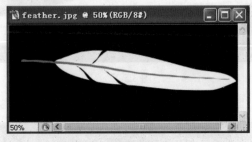

图 3.5.18

（2）新建一个文档，背景透明，如图 3.5.19 所示。用"放大镜 🔍"工具将其放到最大，用 1 个像素的硬笔（铅笔 ✎ 工具）随机点几下，执行"编辑">"定义画笔"命令，定义画笔，如图 3.5.20 所示。

图 3.5.19

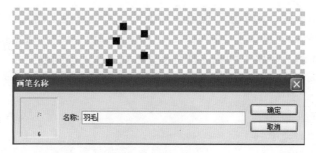

图 3.5.20

（3）在羽毛图像上使用"涂抹工具 ⭕"，设置"模式"为"正常"、"强度"为"75%"。选择新定义的画笔，直径为 7，间距 25%，设置如图 3.5.21 所示。

图 3.5.21

（4）耐心涂抹，按照羽毛的走向向外涂，也可以从外向里涂抹，制造羽毛裂口效果，如图 3.5.22 所示。

图 3.5.22

（5）用"画笔工具 ✏"随意地在羽毛根部涂上白色，效果如图 3.5.23 所示。

图 3.5.23

（6）再次选用"涂抹工具 ⭕"，选定新定义的画笔来涂抹，强度为 70%，不要涂太大了，在根部形成绒球状即可，如图 3.5.24 所示。

图 3.5.24

（7）用"自定义画笔 ✐"涂抹，用 1 个像素，"不透明度"为"90%"，涂抹成绒毛效果，如果 3.5.25 所示。

图 3.5.25

（8）用同样的方法把整个羽毛修饰一下，如图 3.5.26 所示。

图 3.5.26

（9）用"加深工具 ✍"和"减淡工具 ✎"涂抹出羽毛梗阴影以表现立体，如图 3.5.27 所示。

图 3.5.27

（10）由于羽毛是白色的，而羽毛梗有点米黄色，故执行"图像">"调整">"色相/饱和度"命令，打开"色相/饱和度"对话框，选择"着色"，设置如图 3.5.28 所示。

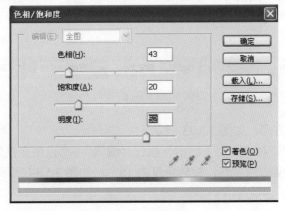

图 3.5.28

（11）最终效果如图 3.5.29 所示。

图 3.5.29

3.5.3　制作旋转造型

（1）执行菜单中的"文件"＞"新建"（快捷键<Ctrl+N>）命令，在弹出的对话框中进行如图 3.5.30 所示的设置，然后单击"确定"按钮。

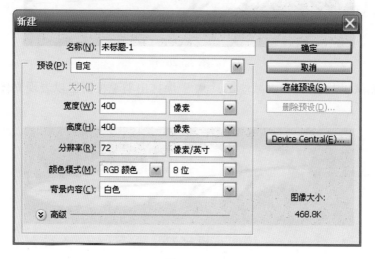

图 3.5.30

（2）新建图层，选择"图层 1"，单击选择工具箱上的 ▢▢（矩形选框工具），工具栏属性设置如图 3.5.31 所示。选择"编辑"菜单的"描边"命令，设置线宽为 3 个像素，颜色为"#FF0000"，如图 3.5.32 所示

图 3.5.31

（3）绘制出一个正方形，如图 3.5.33 所示。

（4）复制"图层 1"，对"图层 1 副本"执行"编辑"＞"自由变换"命令或按<Ctrl+T>组合键，设置其宽度和高度均为 80%，旋转角度为 15°，如图 3.5.34 所示。

图 3.5.32

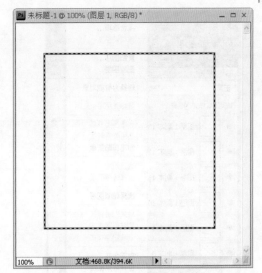

图 3.5.33

图 3.5.34

（5）多次使用<Ctrl+Shift+Alt+T>组合键，进行多次变化，效果如图 3.5.35 所示。

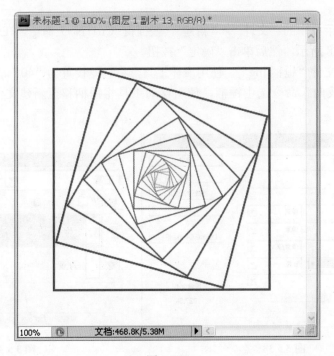

图 3.5.35

（6）最后在已有的图层中任选一个图层右击，在弹出的快捷菜单中选择"合并可见图层"命令，如图 3.5.36 所示。最后效果图如图 3.5.37 所示。

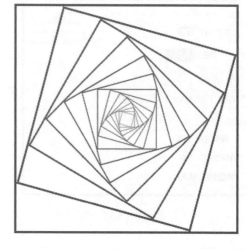

图 3.5.36 图 3.5.37

3.5.4 制作钉锤

（1）首先执行菜单中的"文件">"新建"（快捷键<Ctrl+N>）命令，在弹出的对话框中进行设置，如图 3.5.38 所示，然后单击"确定"按钮。

（2）打开素材文件"锤柄.jpg"，使用魔棒工具，将容差设置为"40"，选择锤柄的背景，使用"选择">"反向"命令选中锤柄，使用移动工具将锤柄移至新建文件中。图层面板如图 3.5.39 所示。

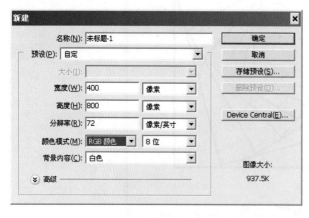

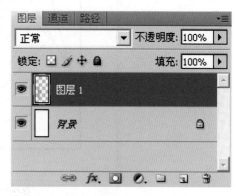

图 3.5.38 图 3.5.39

（3）按<Ctrl+R>组合键打开辅助线，在标尺处用鼠标左键拖曳，绘制辅助线，如图 3.5.40 所示。

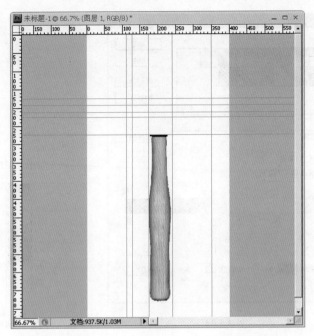

图 3.5.40

（4）使用放大镜工具放大所需区域。单击圆角矩形工具（如图 3.5.41 所示），在属性栏中选择路径绘制，如图 3.5.42 所示，在路径面板的下方选择 ⚙ （将路径作为选区载入）按钮，然后选择图层选项，单击"矩形选框工具"，选择"从选区减去"模式以去掉多余的部分，效果如图 3.5.43 所示。

图 3.5.41

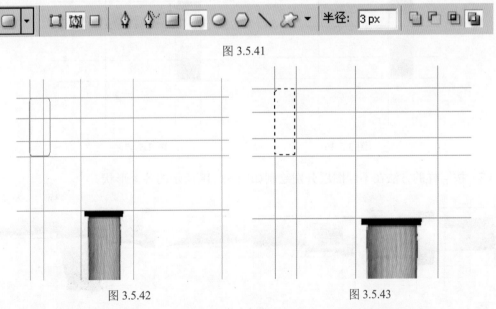

图 3.5.42　　　　　　　　　　　　　　　图 3.5.43

（5）选择工具箱上的 ▨ （渐变工具），打开渐变编辑器，设置颜色为灰色（#454545）→白色（#ffffff）→灰色（#454545）的渐变，如图 3.5.44 所示，新建"图层"并从上至下地填充圆角矩形选框，效果如图 3.5.45 所示。

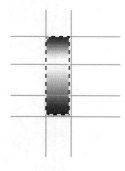

图 3.5.44   图 3.5.45

（6）取消选区（<Ctrl+D>组合键），选择工具箱上的钢笔工具，选择"路径"绘制如图 3.5.46 所示的形状。同样将路径转化为选区，新建"图层 3"，填充白色（#ffffff）→灰色（#454545）并由上至下地渐变填充，如图 3.5.47 所示。

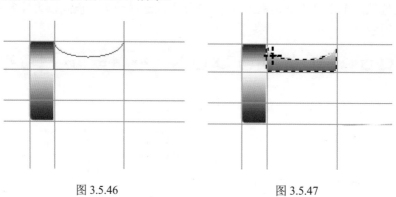

图 3.5.46   图 3.5.47

（7）按同样的方法在不同图层分别绘制如图 3.5.48 所示的各个形状。

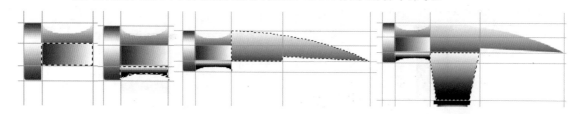

图 3.5.48

（8）选择工具箱上的 🔍（减淡工具）和 ✍（加深工具），对不同图层的颜色进行加深或减淡，最后取消辅助线并合并图层，得到最终效果如图 3.5.49 所示。

图 3.5.49

课后作业

一、选择题

（1）要绘制比较柔和的线条，应该选择（　　）工具。

A．画笔　　　　　　　　B．铅笔　　　　　　　　C．直线　　　　　　　　D．历史记录艺术画笔

（2）使用修复画笔工具 时，在其工具属性栏中选中 取样 单选按钮时，使用方法与（　　）工具相同；选中 图案: 单选按钮时，使用方法与（　　）工具相同。

A．修补　　　　　　　　B．图案图章　　　　　　C．模糊　　　　　　　　D．仿制图章

（3）在使用"自定义形状工具"时，选择一个形状图案并按下（　　）键再进行拖拉，可以得到一个不变形的形状，如图 3.6.1 所示。

图 3.6.1

A.【Ctrl】 B.【Shift】 C.【空格】 D.【Alt】

（4）如图 3.6.2（a）所示的图像只有一个图层，使用（　　）不可以将图（a）处理至图（b）所示效果。

（a） （b）

图 3.6.2

A. 历史记录画笔工具 B. 修补工具
C. 修复画笔工具 D. 仿制图案工具

（5）在 Photoshop 中，使用（　　）工具可以将如图 3.6.3（a）所示的图像制作成图 3.6.3（b）的效果。

A. 油漆桶工具 B. 加深工具 C. 海绵工具 D. 涂抹工具

 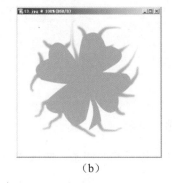

（a） （b）

图 3.6.3

（6）如图 3.6.4 所示，图（a）与图（b）不属同一个图像文件中，使用（　　）的方法可以方便、快捷地使图（a）达到图（b）的平铺效果。

 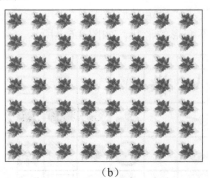

（a） （b）

图 3.6.4

A．将图（a）拖拉到图（b）中，然后进行拷贝并进行等距离的移动，就这样不断重复。

B．将图（a）定义为画笔预设，然后使用画笔进行涂抹。

C．将图（a）定义为图案，然后使用填充工具进行填充。

D．将图（a）拖拉到图（b）中，然后创建一个动作并不断地播放该动作。

二、简答题

（1）使用形状工具组时，单击工具属性栏中的 ▢▢▢ 三个按钮有什么区别？

（2）如何使用修补工具修补图像？

（3）橡皮擦工具和背景色橡皮擦工具有什么区别？

三、上机操作题

（1）使用工具箱上的绘图工具完成 Q 妹图，使结果如图 3.6.5 所示。

（2）打开素材"挂图.jpg"，利用渐变工具和描边工具制作挂图效果，使结果如图 3.6.6 所示。

图 3.6.5   图 3.6.6

第4章

图　　层

图层是 Photoshop CS 3 中的重要组成部分，利用图层功能可以将一个图像中的各个部分独立分离在不同的图层中，方便用户对其中任意一个部分进行修改，而不会影响到其他的部分。结合图层样式、图层混合模式等能创造出许多特殊效果。本章主要介绍图层的功能与使用技巧。

本章主要内容：

图层的概念、图层的操作、图层模式、图层样式、图层蒙版。

本章重点：

图层的操作、图层模式、图层样式、图层蒙版。

本章难点：

图层样式和蒙版。

4.1　图层的基础知识

Photoshop CS 3 中的图像通常由多个图层组成，可以只处理图像中的某一图层的内容而不影响其他图层的内容，如图 4.1.1 所示。

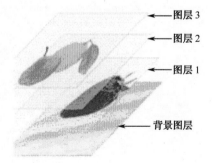

图 4.1.1

一、图层的概念

图层就是将一副图像分为几个独立的部分，每一部分放在相应独立的层上，在合并图层之前，图像中每个图层都是相互独立的，可以对其中某一个图层中的元素进行编辑而不会影响到其他图层。

一般来说，图层就像是含有文字或图形等元素的胶片，一张张按顺序叠放一起，组合起来形成页面的最终效果，每张胶片上的图像都是相对独立的。利用图像的合成效果可以得到许多现实中不可能出现的效果。

二、常见的图层类型

图层在 Photoshop CS 3 中有以下几种类型：

（1）普通图层：普通图层的主要功能是存放和绘制图像，普通图层可以有不同的透明度，如图 4.1.2 所示。

（2）背景图层：背景图层位于图像的最底层，可以存放和绘制图像，如图 4.1.3 所示。

（3）填充/调整图层：填充/调整图层主要用于存放图像的色彩调整信息，如图 4.1.4 所示。

（4）文字图层：文字图层只能输入与编辑文字内容，如图 4.1.5 所示。

（5）形状图层：形状图层主要存放矢量形状信息，如图 4.1.6 所示。

图 4.1.2　普通图层　　　　　　　　　　图 4.1.3　背景图层

图 4.1.4　填充/调整图层　　　　　　　　图 4.1.5　文字图层

图 4.1.6　形状图层

三、图层面板

图层作为平面图像处理中的一个重要因素，在 Photoshop 中提供了一个专门的控制面板：图层控制面板，如图 4.1.7 所示。

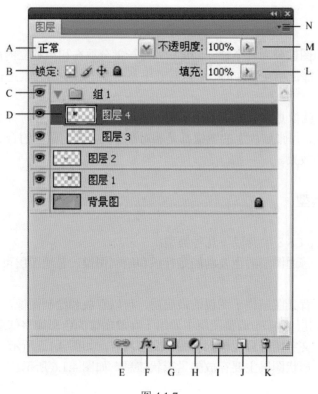

图 4.1.7

图 4.1.7 中各部分的功能说明如下：

A——设定图层之间的混合模式；

B——图层的锁定选项；

C——显示图层；

D——表示当前图层；

E——链接图层；

F——添加图层样式按钮；

G——添加图层蒙版按钮；

H——创建新的填充或调节图层按钮；

I——创建新组按钮；

J——创建新图层按钮；

K——删除图层按钮；

L——设定填充透明度；

M——设定图层透明度；

N——图层面板弹出菜单。

4.2 图层的操作

1. 创建新图层

（1）创建一个空白图层：新建一个空白文档，一般有以下三种方法。

方法一：执行"图层"＞"新建"＞"图层"命令，如图 4.2.1 所示。

方法二：单击图层调板菜单，在弹出菜单中选择"新图层"命令，打开"图层属性"对话框，单击"确定"即可，如图 4.2.2 所示。

方法三：单击图层调板下方的"创建新图层"按钮，直接新建一个空白的普通图层，如图 4.2.3 所示。

图 4.2.1

图 4.2.2

图 4.2.3

（2）新建一个有内容的图层：在图层面板上选取需要的图像内容的图层，先执行"编辑"＞"复制"命令，然后执行"编辑"＞"粘贴"命令，这会在图层调板中自动建立一个新图层。

2. 图层编辑

（1）图层的显示和隐藏：在图层面板中单击左侧的眼睛图标 👁，可以切换图层的显示与隐藏。

（2）选择当前图层：在图层面板上单击某一个图层时，该图层变为深蓝色，表示该图层为正在编辑的图层，即当前图层。一次只能选中一个图层。

（3）图层的移动：在图层面板上拖曳图层到其他图层时，可在出现一个黑线的时候松开鼠标，即可实现图层层次的转换。

（4）图层的复制：在图层面板上拖曳图层到 ▣（创建新图层）按钮上，松开鼠标，即可生成一个原图层的副本；也可以使用图层面板弹出菜单，选择"复制图层"命令；执行菜单中的"图层"＞"复制图层"命令，也可以复制一个图层。

（5）图层的删除：可以将图层拖曳到 （删除图层）按钮上，也可以使用图层面板弹出菜单或者使用菜单命令。

（6）将背景层转换为普通图层：

其有两种方法，一是执行菜单中的"图层"＞"新建"＞"背景图层"命令，将背景图层转换为普通图层；二是双击背景图层，弹出"新建图层"对话框，如图 4.2.4 所示。改变名称后单击"确定"按钮即可将背景图层转换为普通图层。

图 4.2.4

3．图层的锁定

（1）锁定透明像素 ：在图层中没有像素的部分是透明的，所以在操作的时候可以只针对有像素的部分进行操作，这样就可以将透明部分锁定，只要将图层面板中的图标选中就可以了。

（2）锁定图像像素 ：选中该图标，不管是透明部分还是图像部分都不允许进行编辑。

（3）锁定位置 ：选中该图标，本图层上的图像就不能被移动了。

（4）锁定全部 ：选中该图标，图层或图层组中的所有编辑功能将被锁定，图像将不能进行任何编辑。

（5）锁定所有链接图层：在图层被链接的情况下，可以快速地将所有链接的图层锁定。执行"图层"＞"锁定所有链接图层"命令，弹出"锁定图层"对话框，可以选择想要锁定的部分，如图 4.2.5 所示。

图 4.2.5

4．调整图层顺序

Photoshop 中除背景图层外，各图层之间的顺序可以任意调整，在操作时要重新排列图层的顺序，可以在图层面板上选中所需移动的图层并用鼠标直接拖曳到目标位置，如图 4.2.6 所示，或者执行"图层"＞"排列"菜单下的相应命令，如图 4.2.7 所示。

图 4.2.6   图 4.2.7

5．图层对齐和分布

Photoshop 中各图层上的对象在位置上可以按照一定的对齐方式对齐，如图 4.2.8 所示。

要设置它们的对齐方式，可以在图层面板上先链接需对齐的所有图层，然后选中希望对齐的目标图层，执行"图层" > "对齐链接图层"命令，在弹出的菜单中有 6 种对齐方式可供选择：顶边、垂直居中、底边、左边、水平居中、右边，如图 4.2.9 所示。

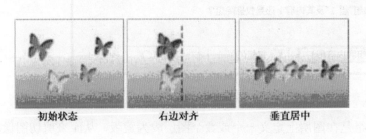
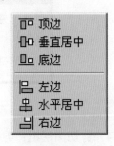

图 4.2.8   图 4.2.9

6．图层的合并

（1）向下合并：其可以将当前选中的图层与下面的一个图层合并为一个图层。

（2）合并可见图层：其可以将所有的可见图层合并为一个图层，而隐藏图层不受影响。

（3）拼合图层：其可以将所有的可见图层都合并到背景上，如果包含隐藏图层，系统将弹出对话框，提示是否丢弃隐藏的图层。

（4）合并链接图层：如果将几个图层链接起来，则图层弹出菜单的"向下合并"命令将变成"合并链接图层"命令，并可以将这些链接起来的图层合并为一个图层。

（5）合并图层组：如果当前选中的是一个图层组，则图层弹出菜单的"向下合并"命令将变成"合并图层组"命令，并将整个图层组变成一个图层。

7．图层组

图层组的概念和文件夹类似，它在图层面板中将若干图层放到一个组内进行管理，而图层本身并不受影响。

（1）创建图层组：建立图层组同样可以使用按钮方式、图层面板弹出菜单方式和菜单方式。在单击图层面板的 （创建新组）按钮的同时按住<A1t>键，可以弹出"新建组"对话框，如

图 4.2.10 所示。如果不按住<Alt>键，将会按照默认设置建立一个图层组。

图 4.2.10

（2）删除和复制图层组中的图层：图层在图层组内进行删除和复制等操作与没有图层组时是完全相同的，可以将图层拖曳到 📁（创建新组）图标上，从而将该层加入图层组，也可将图层拖曳出图层组。

（3）删除图层组：选中要删除的图层组，单击图层调板的垃圾箱按钮 🗑，在弹出的对话框中进行选择即可，如图 4.2.11 所示。

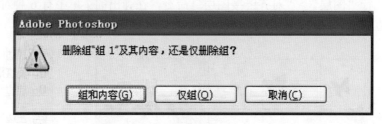

图 4.2.11

（4）剪切图层组：剪切组是在图层上定义一个或数个图层成为蒙版，从而来剪切图像。在剪切组中，由最下面的图层充当蒙版。

创建图层剪切组有两种方法。一种方法是创建图层，如图 4.2.12 所示，然后按住<Alt>键，将鼠标移至"图层 0"和"形状 1"之间的实线上，当鼠标变成两个交叉的圆圈时单击，即可将这两个图层变成剪切蒙版，结果如图 4.2.13（a）所示，此时图层分布如图 4.2.13（b）所示。另一种方法是选中"图层 0"，单击图层面板右上角的小三角，在弹出的快捷菜单中选择"创建剪切蒙版"命令。

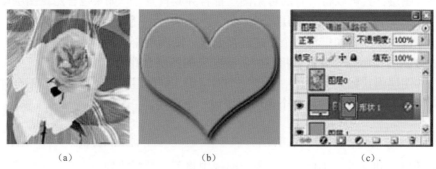

　　（a）　　　　　　　　（b）　　　　　　　　（c）

图 4.2.12

（a）　　　　　　　　　　　　（b）

图 4.2.13

取消剪切蒙版的方法与建立剪切蒙版的步骤基本相似：可以按住<Alt>键单击剪切蒙版图层中间的实线或单击图层面板右上角的小三角，在弹出的快捷菜单中选择"释放剪切蒙版"命令。

4.3 图层的模式

图层模式和绘图工具的绘图模式作用相同，主要用于决定其像素如何与图像中的下层像素进行混合。

Photoshop CS 3 提供了 23 种混合模式，一个图层默认的模式是正常模式，在图层调板的上方可以改变图层混合模式，如图 4.3.1 和图 4.3.2 所示。

图 4.3.1　　　　　　　图 4.3.2

以下就各种图层模式效果以图的形式显示出来，如图 4.3.3 所示。

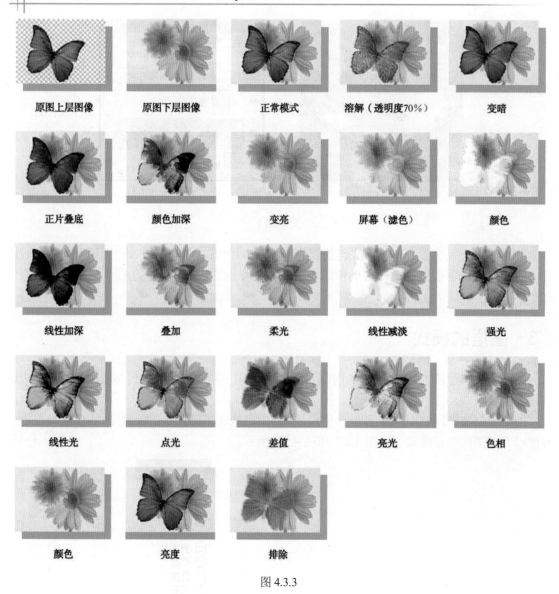

图 4.3.3

4.4 图层样式

图层样式是包含许多已存在的多种图层效果的集合，Photoshop 中包含可以应用到的图层的大量自动效果，例如浮雕、发光等。但是需要注意的是背景图层不能进行图层样式的设置。

显示图层样式调板，如图 4.4.1 所示，打开其对话框的方式有三种：

方法一：执行"图层">"图层样式"子菜单下的各种样式命令；

方法二：单击图层调板下方的样式按钮，从弹出菜单中选取相应命令；

方法三：双击图层调板中普通图层的图层缩览图。

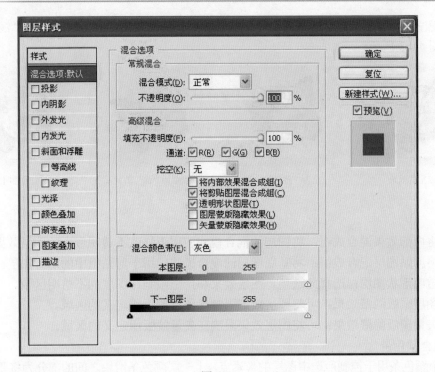

图 4.4.1

在 Photoshop 中可以设定本图层与它下面的像素的混合方式，以下就几种常用的模式进行介绍，其他的效果可参照例子。

1. 默认混合设定

1）常规混合

可以选择不同的混合模式并可以改变透明度，此时的透明度会影响图层中所有的像素。例如，通过图层样式中投影的设置也会更改透明度，如图 4.4.2 所示。

不透明度 100%

不透明度 38%

不透明度 0%

图 4.4.2

2）高级混合

（1）填充不透明度：其只影响图层中原有的像素或绘制的图形，而不影响执行图层样式后带来的新像素的不透明度，例如不会改变阴影的不透明度。

（2）通道：其可以选择不同的通道来执行各种混合，图像颜色模式不同选项也不同。

（3）挖空：其用来设定穿透某图层是否能够看到其他图层的内容，包括"无""浅"和"深"3 种，如图 4.4.3 所示。

无挖空的效果　　挖空为"浅"的效果　　挖空为"深"的效果　　挖空为透明的效果

图 4.4.3

（4）将内部效果混合成组：将图层的混合模式应用于修改不透明像素的图层效果。

（5）将剪贴图层混合成组：将基底图层的混合模式应用于剪贴组中的所有图层。

（6）透明形状图层：选择此选项，图层效果和挖空限制在图层的不透明区域。

（7）图层蒙版隐藏效果：可将图层效果限制在图层蒙版所定义的区域。

（8）矢量蒙版隐藏效果：可将图层效果限制在矢量蒙版所定义的区域。

3）混合颜色带

有两个颜色条用于控制所选中图层的像素点，上一层颜色条滑块之间的部分为将要混合并且最终将要显示出来的像素的范围，两个滑块之外的部分像素将是不混合的部分并将排除在最终图像之外。下一层颜色条滑块之间的像素将与上一层中的像素混合生成复合像素，而在滑块以外，也就是未混合的像素将透过现有图层的上层区域显示出来。如图 4.4.4 所示为原图像及图层。

图 4.4.4

调整"vbutterfly"的混合颜色带及相应结果如图 4.4.5 所示，左边是效果图，右边是颜色带的设置值。

2．投影和内阴影

选中它们可以为图层中的对象添加投影效果，设置框如图 4.4.6 和图 4.4.7 所示，两个设置框基本相同，不同的是"投影"设置框中多了一个"图层挖空投影"选项。

（1）混合模式：可以指定所加阴影的混合模式，颜色框中的颜色为设定阴影的颜色。

（2）不透明度：指所加阴影的不透明度。

（3）角度：用来设定投影的方向。

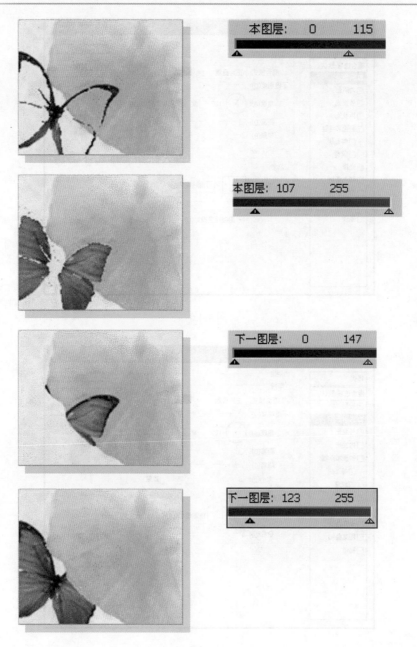

图 4.4.5

（4）距离：指定阴影效果与当前图层的相对位置。

（5）延伸：调整光源的远近效果。

（6）大小：用来调整阴影的模糊程度，范围在 0%～100%，数字越大阴影越模糊。

（7）等高线：调整应用到阴影上的等高线，可以得到立体边缘的阴影效果。

（8）杂色：可以用该功能在阴影中添加杂色效果。

如图 4.4.8～图 4.4.10 所示分别是未使用图层效果、使用外阴影效果和使用内阴影效果后的画面。

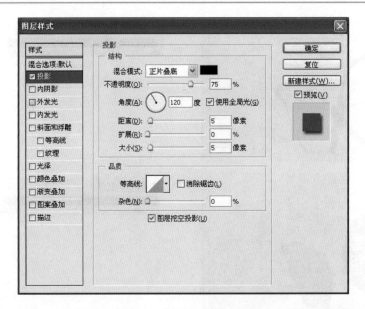

图 4.4.6

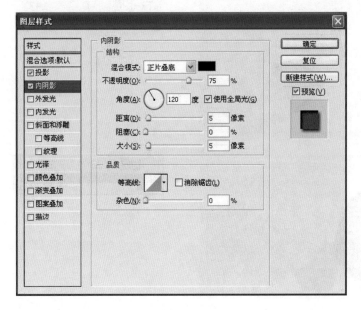

图 4.4.7

图 4.4.8

图 4.4.9

图 4.4.10

3. 外发光和内发光

"外发光"可以在图像的外边缘添加光晕效果，其设置框如图 4.4.11 所示，"内发光"是在图层中对象边缘的内部添加发光效果，其设置框如图 4.4.12 所示。这两个设置框基本相同，只是"内发光"多了"居中"和"边缘"两个选项。

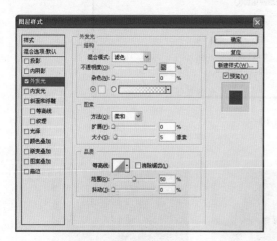

图 4.4.11

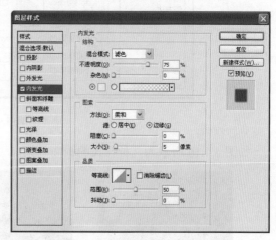

图 4.4.12

对于外发光和内发光内部具体的设置本书不做详细介绍，可参照本章实例。

如图 4.4.13 和图 4.4.14 所示，分别是外发光和内发光的效果图。

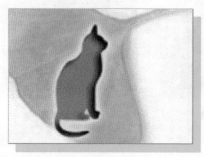

图 4.4.13

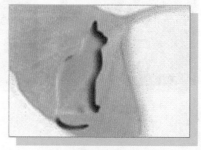

图 4.4.14

4. 斜面和浮雕

"斜面和浮雕"为图层中的对象添加不同组合方式的高亮和阴影，使其产生凸出或者凹陷的斜面和浮雕效果，其设置框如图 4.4.15 所示。

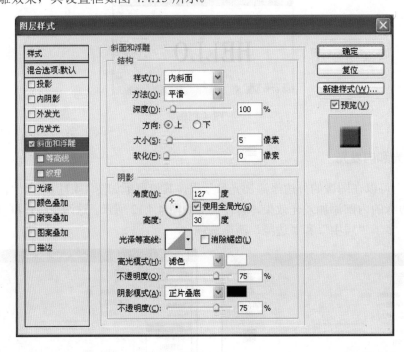

图 4.4.15

如图 4.4.16 所示为几种样式的画面效果。

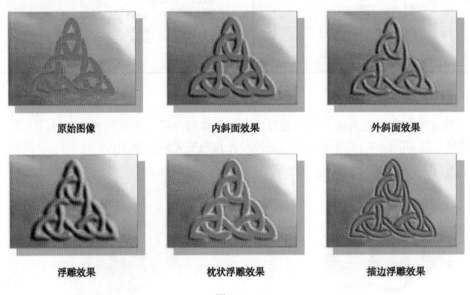

图 4.4.16

图层样式还有光泽、颜色叠加、渐变叠加、图案叠加以及描边几种效果，由于篇幅所限，本书不做详细介绍，具体操作可参照本章实例。

4.5 图层蒙版

1. 图层蒙版的操作

图层蒙版相当于一个 8 位灰阶的 Alpha 通道，控制图层或图层组中的不同区域如何隐藏和显示。黑色区域表示全部被蒙住；白色区域表示图像中被显示的部分；灰色部分表示图像的半透明部分。

通过编辑更改蒙版，可以对图层应用各种特殊效果，而不会实际影响该图层上的像素。

1）建立图层蒙版

（1）添加"显示或隐藏整个图层"的蒙版的方法如下所述。

方法一：在图层调板中选择需添加蒙版的图层，执行"图层">"添加图层蒙版">"显示全部"或"隐藏全部"命令。

方法二：要添加"显示全部"的蒙版，可单击在图层调板下方的"添加图层蒙版"按钮；要添加"隐藏全部"的蒙版，可在按住<Alt>键的同时单击在图层调板下方的"添加图层蒙版"按钮。

（2）添加"显示或隐藏选区"的蒙版的方法如下所述。

在图层调板中，选择要添加蒙版的图层，选择区域，单击在图层调板下方的"添加图层蒙版"按钮。

2）删除蒙版

方法一：选择所需删除的蒙版缩览图，执行"图层">"移去图层蒙版"命令，根据需要，在子菜单中选择"应用"或"扔掉"选项。

方法二：选择所需删除的蒙版缩览图，单击并拖曳图层调板下方的按钮，在弹出的对话框中选择相应的按钮即可。

3）暂时关闭图层蒙版

要将图层面板中的图层蒙版暂时关掉，可以在按住<Shift>键的同时单击图层面板中的蒙版小图标；或者在菜单中执行"图层">"图层蒙版">"停用"命令，此时蒙版被临时关闭，在图层面板中蒙版小图标上有一个红色的 X 标志，如图 4.5.1 所示。如果想要重新显示蒙版，可以再次在按住<Shift>键的同时单击图层面板中的蒙版小图标；或者执行菜单中的"图层">"图层蒙版">"启用"命令，此时蒙版被重新启用。

图层剪贴路径也称为图层矢量蒙版。可以在图层上添加矢量蒙版以控制图层的显示。它的概念和前面所讲的图层像素蒙版相似，只是图像的显示与否由矢量路径控制。这种方法多用于改变人物的背景且不破坏原图像。

图 4.5.1

添加矢量蒙版的方法为：首先选中定义图形形状的路径，然后选中需要去除背景的图像，执行菜单中的"图层">"矢量蒙版">"当前路径"命令，则可以将当前图层添加上路径形状定义的矢量蒙版。

如图 4.5.2 所示为当前图像，其路径面板如图 4.5.3 所示，如图 4.5.4 所示为当前路径转化为当前图层的矢量蒙版后的效果，如图 4.5.5 所示为其图层显示。

图 4.5.2

图 4.5.3

图 4.5.4

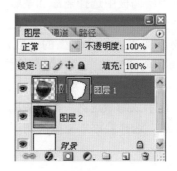
图 4.5.5

2．填充图层和调节图层

"填充与调整图层"用于调整下层图像的内容，但并不实际改变下层图层的像素。在填充与调整图层内并不存放图像内容，只保存"填充与调整"的颜色信息。

1）填充图层

填充图层分为：单色填充图层、渐变填充图层和图案填充图层 3 种。

其方法为：单击图层调板下方的"创建新的填充或调整图层"按钮 🎨，在弹出的命令中选择"纯色""渐变"或"图案"命令。

2）调节图层

调整图层可以对图像试用色调调整，但不会永久地修改图像中的像素。

其方法为：单击图层调板下方的"创建新的填充或调整图层"按钮 🎨，在弹出的命令中选择各种色彩调整命令。

4.6　文字图层

Photoshop 保留了文字的矢量轮廓，可以缩放文字而不改变文字的质量，可以存储为 PDF 文件或 EPS 文件，也可在将图像打印到 PostScript 打印机时使用这些矢量信息，其能产生边缘清晰的文字。

1．文字图层的建立

Photoshop CS 3 提供了两组文字工具（横排和竖排）和文字蒙版工具（横排和竖排）。使用文字工具可以输入实体文字，而使用文字蒙版工具则可以创建文字选区，如图 4.6.1 所示。

图 4.6.1

1）创建点文字

使用文字工具在图像上单击鼠标，可以输入点文字，所谓点文字是指不能自动换行的文字。通常第一次输入文字的颜色会和前景色相同，如图 4.6.2 所示。输入文字后会在图层面板上自动生成一个图层，在图层上有一个字母"T"，表示当前图层是文字图层，可以进行再编辑，并且会自动按照输入的文字命名该图层的名称，如图 4.6.3 所示。

图 4.6.2

图 4.6.3

2）创建段落文字

段落文字是指文字基于定界框的尺寸换行，可以输入多个段落并选择段落对齐选项。

创建段落文字的方法为：选择文字工具，在图中单击并拖曳光标，图像中会出现一个虚线框，松开鼠标即可得到段落控制框，然后在段落控制框中输入文本内容即可，如图 4.6.4 所示。

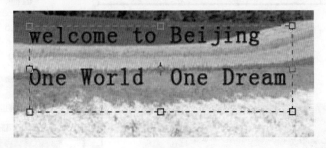

图 4.6.4

2．文字图层的编辑

文字图层可以再进行编辑，可以直接用文字工具在文字上拖拉将文字选中，或者使用任何工具双击文字图层中的文字图标将文字选中，然后通过文字工具选项栏进行修改，如图 4.6.5 所示。

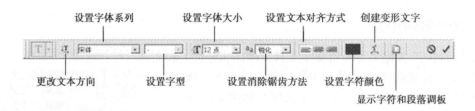

图 4.6.5

1）改变文字的颜色

如果想改变整个文字块的颜色，可以选中文字图层，在文字属性颜色块中选择合适的颜色。

如果想要改变部分文字的颜色，可以先选中需要改变的文字，然后改变前景色的颜色即可，也可以直接在文字的属性面板中设定颜色。

2）文字弯曲变形

文字弯曲变形是文字图层的属性之一，可以在文本可编辑状态下将需要变形的文字选中，再单击属性栏上的 ⌐（创建变形文字）按钮，弹出"变形文字"对话框，如图 4.6.6 所示。在"样式"列表框中可以选择变形的形状，Photoshop CS 3 中可设置的文字变形有 15 种，如图 4.6.7 所示。

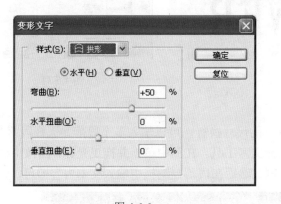

图 4.6.6

图 4.6.7

如图 4.1.8 所示为执行了拱形变形后的文字显示，图层面板如图 4.6.9 所示。

图 4.6.8

图 4.6.9

3）段落文字的编辑

段落文字框就像执行自由变形命令的图像一样，有 8 个小句柄可以控制图像的缩放和旋转，有几点需要注意的地方：

（1）直接拖曳小句柄可改变文本框的大小，但不会改变文字的大小，如图 4.6.10 所示。在按住<Shift>键的同时拖曳小句柄，不仅可以改变文本框的大小和形状，还可以同时改变文字的大小和形状，如图 4.6.11 所示。

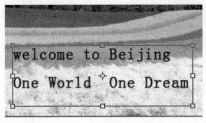
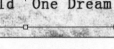

图 4.6.10   图 4.6.11

（2）直接将鼠标放到小句柄的外缘可以改变鼠标的形状，拖曳鼠标即可旋转文本框，文字也将随之旋转，如图 4.6.12 所示。在按住<Ctrl>键的同时将鼠标放到文字框边框中心的小句柄上拖曳，可以使文本框发生倾斜变形，如图 4.6.13 所示。

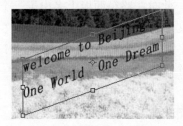

图 4.6.12   图 4.6.13

（3）判断点文字和段落文字可以用文字工具在文字上单击，如果有文本框，则为段落文字，如果没有，则为点文字。要转换点文字为段落文字，可以执行命令"图层" > "文字" > "转换为段落文字"命令，反之则执行"图层" > "文字" > "转换为点文字"命令。

4）文字的字符属性

单击 ▤（显示字符和段落调板）按钮，会弹出"字符"对话框，如图 4.6.14 所示。

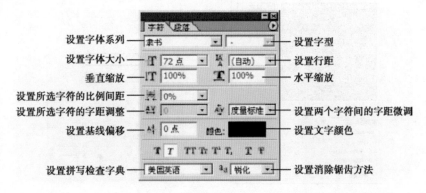

图 4.6.14

5）文字的段落属性

文字的段落属性面板通常与字符属性面板在一起，如图 4.6.15 所示。

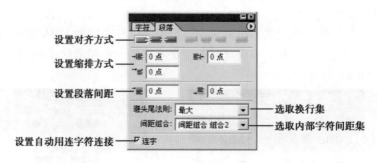

图 4.6.15

6）文字图层转化为图像图层

将文字图层转化为图像图层可以执行"图层">"栅格化">"文字"命令，此时图层面板上的文字图层图标 T 不见了，即不可以进行文字编辑了，图层上的文字完全变成了像素信息。

7）文字图层转化为工作路径或者形状

（1）要将文字图层转化为工作路径，可选中文字图层，执行"图层">"文字">"创建工作路径"命令，此时在路径面板上多出了一个根据文字创建的工作路径，但原图层不受影响。

（2）要将文字图层转化为形状，可选中文字图层，执行"图层">"文字">"转换为形状"命令，此时文字图层转变成了形状图层，同时在路径面板上多出了一个根据文字创建的工作路径，但原图层不受影响。

4.7 实例制作

4.7.1 制作水滴文字

（1）新建大小为 650×500 的文件，执行"滤镜">"添加杂色"命令，参数设置如图 4.7.1 所示。

（2）执行"滤镜">"画笔描边">"成角的线条"命令，参数设置如图 4.7.2 所示。

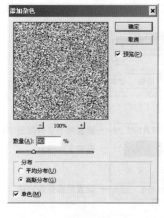

图 4.7.1

图 4.7.2

（3）执行"滤镜">"渲染">"光照效果"命令，调整光线，如图 4.7.3 所示

图 4.7.3

（4）执行"编辑">"渐隐"命令，在弹出的"渐隐"对话框中设置不透明度为 25%以减弱效果，如图 4.7.4 所示。

（5）用<Ctrl+J>组合键复制背景图层，得到图层 1。选择背景层，更换前景颜色为深褐黄色，选择背景图层，用<Ctrl+A>键将其全删除，调整颜色为渐变（前景：#bf8143。背景：#5e3f20），填充背景效果如图 4.7.5 所示。

图 4.7.4

提 示

快捷组合键<Ctrl+J>可将选区内容复制到新的图层里。

图 4.7.5

（6）选择图层 1，修改属性为线性光，填充 50%，执行"图像" > "调整" > "曲线效果"命令，弹出"曲线"对话框，如图 4.7.6 所示。

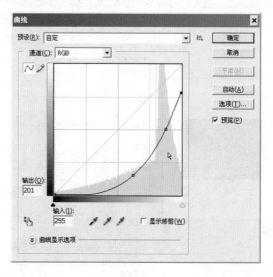

图 4.7.6

（7）再重复执行"滤镜" > "渲染" > "光照效果"，调整光线命令，得到背景纹理效果如图 4.7.7 所示。

图 4.7.7

（8）用快捷键"D"恢复默认背景颜色（黑白）。选择文本工具输入文字，用<Ctrl+T>组合键自由变换文字大小，调节放大文字，用<Ctrl+Enter>组合键取消选择，如图 4.7.8 所示。

图 4.7.8

（9）新建图层 2，填充白色，执行"滤镜"＞"渲染"＞"云彩效果"命令，如图 4.7.9 所示。用<Ctrl+F>组合键重新选择云彩，尽量选择黑色（暗部分）较多的。

（10）如果不能确定云彩效果是否是自己想要的，可执行"滤镜"＞"素描"＞"图章"命令。其参数设置如图 4.7.10 所示。勾选"预览"，其中黑色的就是后面的水珠部分，如效果不好，则返回再执行<Ctrl+F>组合键重新选择。

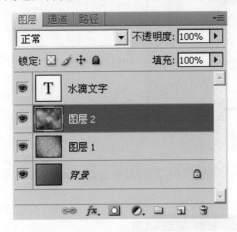

图 4.7.9

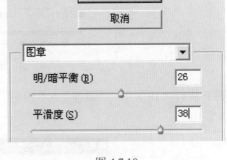

图 4.7.10

（11）显示文字，查看效果如图 4.7.11 所示。

图 4.7.11

（12）选择字体图层高斯模糊如图 4.7.12 所示，用<Ctrl+E>组合键合并文本层和图层 2。

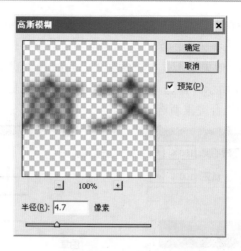

图 4.7.12

（13）执行"图像"＞"调整"＞"阈值"命令，调整图层 2 的阈值处理边缘，如图 4.7.13 所示。

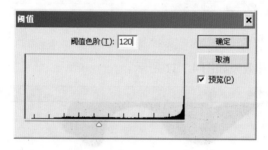

图 4.7.13

（14）执行"选择"＞"色彩范围"命令来设置容差，如图 4.7.14 所示。

图 4.7.14

（15）回到图层，用<Ctrl+Shift+I>组合键反选，如图 4.7.15 所示。

图 4.7.15

（16）删除当层背景，效果如图 4.7.16 所示。

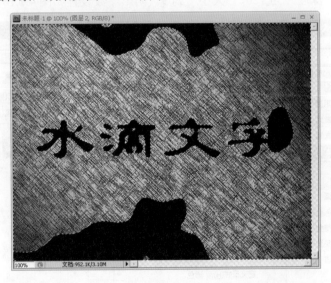

图 4.7.16

（17）执行<Ctrl+Shift+I>组合键反选区，打开"通道"面板，单击下面的"将选区存为通道"，则出现 Alpha1 通道。用<Ctrl+D>组合键取消选区选择，如图 4.7.17 所示。

（18）执行"滤镜">"扭曲">"玻璃"命令，在弹出的对话框中设置"扭曲度"为 3、"平滑度"为 7、"缩放"为 56%，再执行高斯模糊 1.6 像素。

（19）回到通道面板。执行<Ctrl+单击 Alpha1 层>命令，再执行<Ctrl+Shift+I>组合键反选选区。

（20）回到图层，选择最上面的水滴图层，按<Delete>键删除，水珠的边缘变得不规则。用<Ctrl+D>组合键可取消选择。

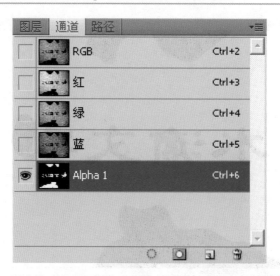

图 4.7.17

（21）设置水滴图层填充为 0%，隐藏水滴图层，点击下面的"图层样式"按钮，选择"斜面和浮雕"，设置"深度"为 120、"大小"为 9。阴影参数设置如图 4.7.18 所示。

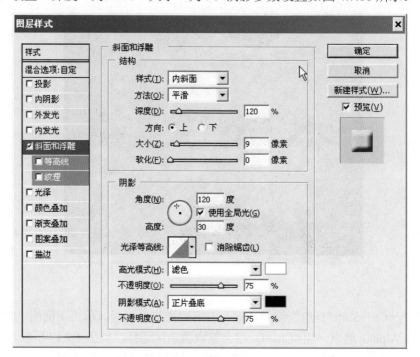

图 4.7.18

（22）单击"光泽等高线"可设置水珠透明效果，在打开的"等高线编辑器"对话框中调节曲线，如图 4.7.19 所示。

（23）选择"图层样式">"内阴影"选项，设置"不透明度"为 75、"角度"为 132，其他参数设置如图 4.7.20 所示。

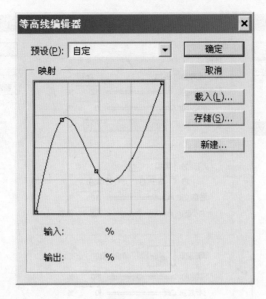

图 4.7.19

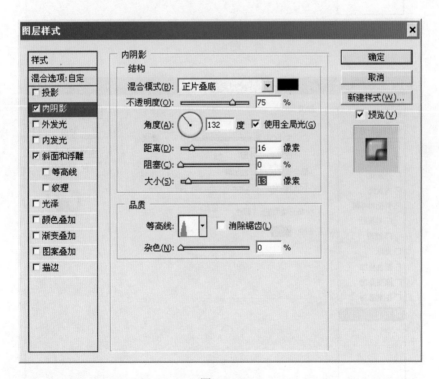

图 4.7.20

（24）选择"图层样式">"内发光"选项，设置"模式"为叠加、"不透明度"为 42、"颜色"为橘黄，其他参数设置如图 4.7.21 所示。

（25）选择"图层样式">"描边"选项，参数设置如图 4.7.22 所示。

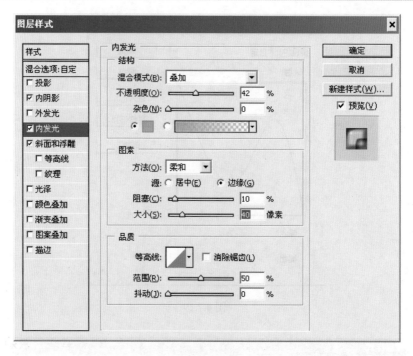

图 4.7.21

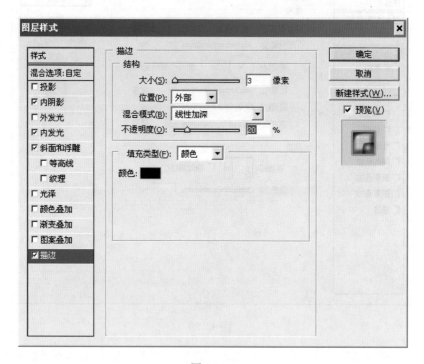

图 4.7.22

（26）选择"图层样式" > "投影"选项，参数设置如图 4.7.23 所示。

（27）完成效果如图 4.7.24 所示。

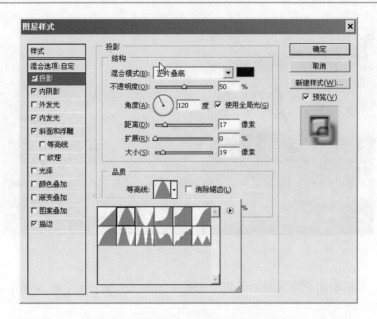

图 4.7.23

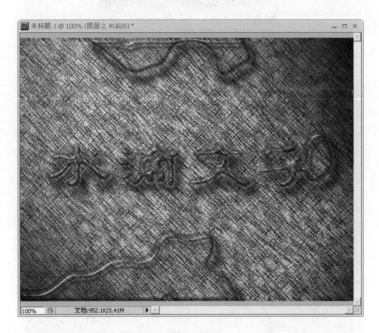

图 4.7.24

4.7.2　制作花朵文字效果

（1）打开背景素材"背景.jpg"，效果如图 4.7.25 所示。

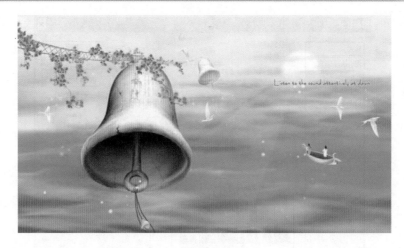

图 4.7.25

（2）选择工具箱中的文字工具，设置字符面板如图 4.7.26 所示；在画面中输入文字，效果如图 4.7.27 所示。

图 4.7.26

图 4.7.27

（3）选择文字图层，执行"图层" > "栅格化" > "文字"命令，可将文字层转化为普通层。

（4）双击文字图层，弹出图层样式对话框，勾选"投影""内发光""斜面和浮雕"复选框，其中设置投影的颜色 RGB 为 33、30、64，内发光颜色 RGB 为 239、234、91，其他设置如图 4.7.28～图 4.7.30 所示，图像效果如图 4.7.31 所示。

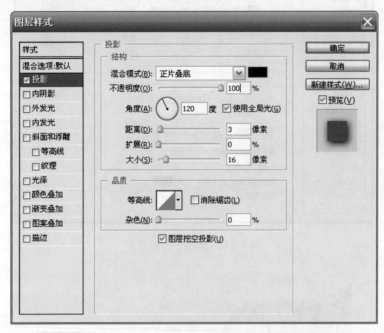

图 4.7.28　投影设置

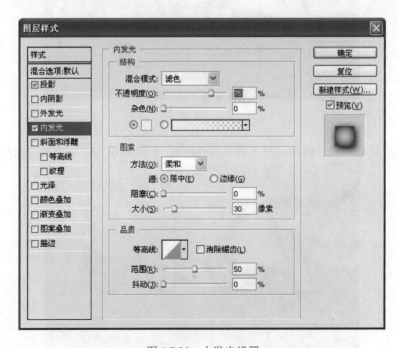

图 4.7.29　内发光设置

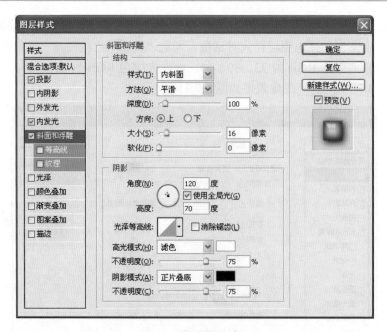

图 4.7.30　斜面和浮雕设置

图 4.7.31

（5）单击工具箱中的"椭圆选框工具" ⬭ 按钮，在如图 4.7.32 所示的位置绘制选区。

图 4.7.32

（6）执行"滤镜">"扭曲">"旋转扭曲"命令，在弹出的"旋转扭曲"对话框中设置参数，如图 4.7.33 所示，图像效果如图 4.7.34 所示。

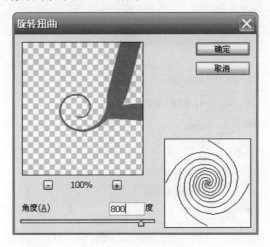

图 4.7.33

图 4.7.34

（7）打开一些花朵素材图片，将花朵抠出拖至画面中，效果如图 4.7.35 所示。

图 4.7.35

（8）选择所有的花朵图层，将其合并为一个"图层1"。选择"图层1"，在按住<Alt>键的同时在"图层1"和"文字图层"名称之间单击，创建剪切蒙版组，图层面板如图4.7.36所示，图像效果如图4.7.37所示。

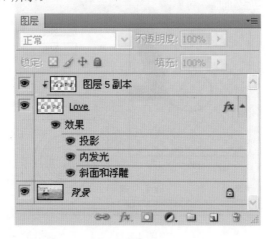

图 4.7.36

图 4.7.37

（9）重复步骤（7），再打开一些花朵和叶子，装饰文字，效果如图4.7.38所示。

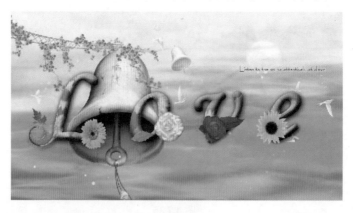

图 4.7.38

（11）将"文字图层"和"花朵图层"合并为"文字图层"。复制"文字图层"为"文字图层副本"，执行"编辑">"变换">"垂直翻转"命令，将文字垂直翻转，然后向下移动到如图 4.7.39 所示的位置。

图 4.7.39

（12）为文字层副本添加蒙版，然后绘制渐变，此时的图层面板如图 4.7.40 所示，最终效果如图 4.7.41 所示。

图 4.7.40

图 4.7.41

4.7.3　数码处理偏色照片效果

（1）打开素材文件"cat.jpg"，如图 4.7.42 所示。

图 4.7.42

（2）在图层面板中单击"创建新的填充或调整图层"按钮，选择"照片滤镜"命令，参数设置和效果如图 4.7.43 所示。

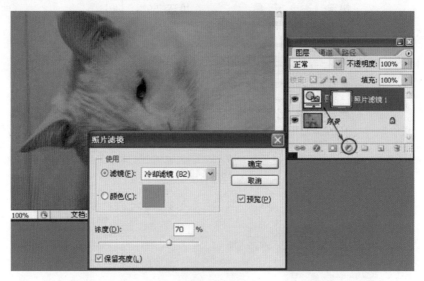

图 4.7.43

（3）按<Ctrl+E>快捷组合键，将调整图层合并。

（4）使用多边形套索工具 ，选择区域相加模式，将"羽化"设为 5px，如图 4.7.44 所示。选择猫的五官区域，按<Ctrl+J>键在选区新建"图层 1"。

图 4.7.44

（5）在图层面板上选择背景图层，执行"图像"＞"调整"＞"色阶"命令，选择"设置白场"吸管工具，在小猫毛发位置单击取样，效果如图 4.7.45 所示。

图 4.7.45

（6）将"图层 1"的图层混合模式改为"柔光"，如图 4.7.46 所示，执行"图像"＞"调整"＞"色相/饱和度"命令，参数设置如图 4.7.47 所示。

图 4.7.46

（7）选择橡皮擦工具 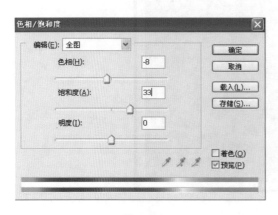，使用合适的笔触及不透明度，将"图层 1"小猫五官区域多余部分擦除，校正效果如图 4.7.48 所示。

图 4.7.47　　　　　　　　　　　　　　　　　图 4.7.48

4.7.4　利用填充调整图层调整图像

（1）要把亮调部分与暗调部分分别做调整，首先要分别载入相应的选区。先来做暗调的地面。打开通道面板，分别观察红、绿、蓝三个通道，草地上反差最大的是红色通道。选定红色通道，在通道面板最下面单击载入选区图标，红色通道选区被载入，看到蚁行线，如图 4.7.49 所示。

图 4.7.49

（2）单击 RGB 复合通道，回到复合通道，看到彩色图像。现在载入的选区是图像中的亮调部分，而要处理的是图像中的暗调部分，因此要将选区反选过来。选择"选择反向"选项，将选区反选，如图 4.7.50 所示。

图 4.7.50

（3）回到图层面板，需要建立相应的调整层。在图层面板最下面单击创建调整层图标，在弹出的菜单中选择色阶命令并建立一个色阶调整层，如图 4.7.51 所示。

图 4.7.51

（4）在弹出的色阶面板中按照直方图的形状设置滑标。将白场滑标向左移动到直方图右侧的起点，中间灰滑标适当向右移动一点，如图 4.7.52 所示。

图 4.7.52

（5）若感觉草地上的反差还是太弱，需要再处理得强一些，则需要再次载入选区。按住<Ctrl>键，用鼠标单击当前调整层的蒙版图标，则蒙版的选区被载入。这与刚才从通道中载入的选区是一致的。

（6）在图层面板最下面再次单击"创建调整层"图标，在弹出的菜单中选择曲线命令，创建一个曲线调整层。弹出曲线面板，选择直接调整工具，以草地上最亮的点为依据，按住鼠标向上移动，图像中与此相关的亮调部分被再次提亮。再以草地上的暗点为依据，按住鼠标向下移动，图像中与此相关的暗调部分便被处理得更暗，于是草地的反差便加大了，如图 4.7.53所示。

图 4.7.53

（7）若需要将天空压暗以利于突出地面，首先应在图层面板上关闭刚刚为调整地面而建立的两个调整层，使得图像恢复初始状态。再次打开通道面板，选中红色通道后单击通道面板最下面的载入选区图标，最后载入红色通道的选区，回到 RGB 复合通道。

（8）回到图层面板，建立一个新的色阶调整层。在弹出的色阶面板中看到的直方图是图像中亮调部分的像素值。将左侧的黑场滑标向右移动到直方图左侧起点位置，将中间的灰滑标稍向左移动，即可看到图像中天空整体变暗，如图 4.7.54 所示。

图 4.7.54

（9）若想把天空的暗调部分再压暗一点，应再建立一个新的曲线调整层。在弹出的面板中选中直接调整工具，在图像中最左上角较暗的天空处按住鼠标向下移动即可看到曲线向下压，天空也变暗，如图 4.7.55 所示。

图 4.7.55

（10）在工具箱中选择"渐变"工具，默认为黑白前景色和背景色。在天地交界的地方拉出渐变，上白下黑，把地面部分遮挡掉，保留天空调整部分，如图 4.7.56 所示。

图 4.7.56

（11）在图层面板上把刚才关闭的调整暗调地面的两个调整层重新打开。仔细观察可发现，在亮调选区与暗调选区交界的地方出现了令人很不舒服的灰调子影像。这是因为这些地方在操作时，亮调调整和暗调调整都起作用了。这部分影像需要修饰。在图层面板上单击刚才调整暗调地面的色阶调整层的蒙版，进入暗调色阶调整蒙版操作状态，如图 4.7.57 所示。

图 4.7.57

（12）在工具箱中选择"画笔"工具，前景色为黑色，在选项栏中设置较大的笔刷直径和最低的硬度参数。用黑画笔在天地交界处细致涂抹，把灰影调都涂抹掉，如图 4.7.58 所示。

图 4.7.58

（13）做最后的颜色修饰。在图层面板最下面单击创建调整层图标，在弹出的菜单中选择"色相/饱和度"命令，建立一个新的色相/饱和度调整层。先将饱和度提高到 25 左右，使整个图像颜色看起来更鲜艳。再打开颜色通道下拉框，选择红色，将红色的饱和度适量提高，再打开颜色通道下拉框，选择黄色，将黄色的饱和度适量提高。其参数设置如图 4.7.59 所示。

图 4.7.59

（14）调整色阶最终效果，如图 4.7.60 所示。

图 4.7.60

4.7.5　制作金属文字

（1）新建文件，使其宽度 800px，高度 600px，如图 4.7.61 所示。

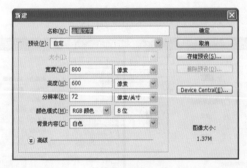

图 4.7.61

（2）输入一个方正的字体作为蓝本来参照，如图 4.7.62 所示。

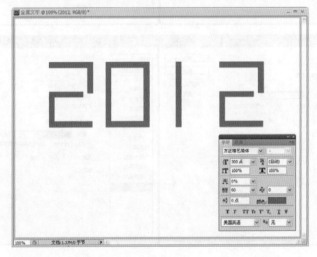

图 4.7.62

（3）画出一个方框，比原字体要粗一些，如图 4.7.63 所示。

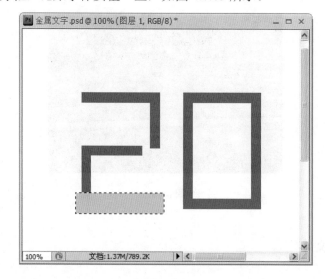

图 4.7.63

（4）对这个方框进行参数设置，如图 4.7.64 所示。

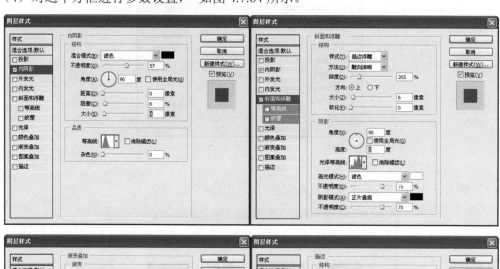

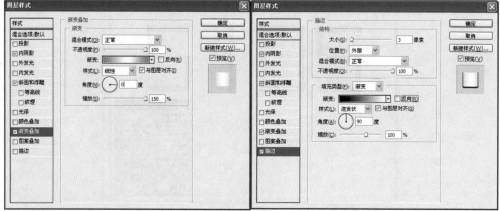

图 4.7.64

（5）载入方框的选区，不要取消选区，执行"滤镜"＞"杂色"＞"添加杂色"命令，如图 4.7.65 所示。

（6）再执行"滤镜"＞"模糊"＞"高斯模糊"命令，如图 4.7.66 所示。

图 4.7.65   图 4.7.66

（7）合并两个图层（注意：可以复制一个备份，因为螺丝钉还用得到这个样式），如图 4.7.67 所示。

图 4.7.67

（8）根据红色字体的蓝本，依次摆放好金属方框的位置，如图 4.7.68 所示。

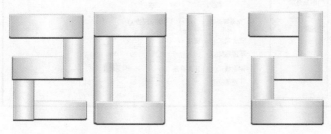

图 4.7.68

（9）现在画螺丝钉：画一个正圆，把刚才做金属的样式复制到圆形上，如图 4.7.69 所示。

图 4.7.69

（10）在螺丝钉内部画一个十字形，填充渐变，如图 4.7.70 所示。

图 4.7.70

（11）合并螺丝钉组件（十字形和圆形，对这个圆形进行浮雕设置），如图 4.7.71 所示。

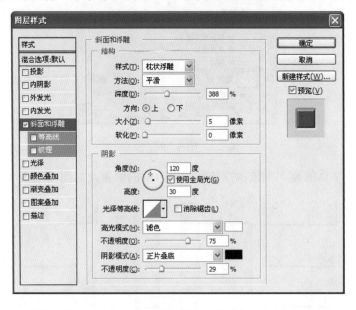

图 4.7.71

（12）把螺丝钉全部放在金属方框的交叉处，完成效果如图 4.7.72 所示。

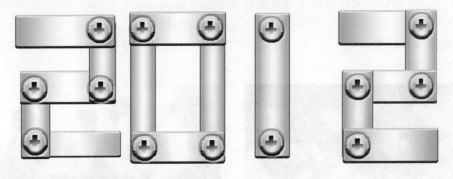

图 4.7.72

（13）打开电焊火花的素材，选择火花，拖到金属文字处，放在字体合适的位置，将背景填充为黑色，得到最后效果如图 4.7.73 所示。

图 4.7.73

课后作业

一、选择题

（1）下列几种操作中，不能新建一个图层的是（　　）。

A. 将一个图像的图层拖拉到另一个图像中

B. 将一个图层复制后再粘贴

C. 使用"横排文字蒙版工具"向图像中插入文字选区

D. 使用"横排文字工具"向图像中插入文字

（2）对于文字图层栅格化前后说法不正确的一项是（　　）。

A. 文字图层栅格化前可以直接改变字体颜色

B．文字图层栅格化后可以调整字体颜色

C．文字图层栅格化前可以使用橡皮擦对文字进行擦拭

D．文字图层栅格化后可以使用橡皮擦对文字进行擦拭

（3）在图 4.8.1 中，图（a）是一张输入到电脑后的底片，使用（　　　　）可以将其调整为图（b）的正常效果。

（a）　　　　　　　　　　　　　　　　　　　　（b）

图 4.8.1

A．替换颜色　　　　　B．照片滤镜　　　　　C．反向　　　　　D．胶片颗粒

（4）在图 4.8.2 中，图（a）和图（b）的选区部分分别是锐化工具和模糊工具处理的结果，而历史记录被误删。下列说法正确的是（　　　　）。

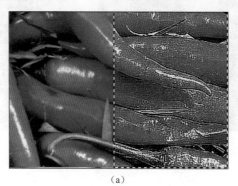

（a）　　　　　　　　　　　　　　　　　　　　（b）

图 4.8.2

A．图（a）选区部分为锐化工具处理，可使用模糊工具将其恢复

B．图（b）选区部分为模糊工具处理，可使用锐化工具将其恢复

C．在 Photoshop 中，图（a）和图（b）都有可能被恢复

D．以上说法都不正确

（5）在 Photoshop 中，单击"图层"控制面板中一个图层左边的图标▨，显示出▨图标时，表示将会（　　　）这个图层和当前图层。

A．复制　　　　　　　B．链接　　　　　　　C．编组　　　　　D．排列

（6）在图 4.8.3 所示的风景图像中，图（a）由两个图层组成。在下面的方法中，（　　　）不能实现图（b）的效果。

（a）　　　　　　　　　　　　　　　（b）

图 4.8.3

A．使用图层蒙版，再使用渐变工具　　　　B．使用橡皮擦工具

C．使用仿制图章工具涂改　　　　　　　　D．使用画笔工具

二、简答题

（1）打开素材文件"背景.jpg"，在背景图片上制作浮雕文字，主要通过对文字图层进行图层样式设置，制作后的效果如图 4.8.4 所示。

图 4.8.4

（2）使用椭圆选框工具和图层样式的设置，制作手镯图案，制作后的效果如图 4.8.5 所示。

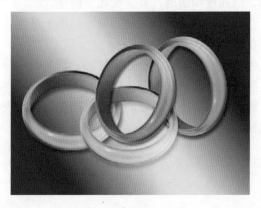

图 4.8.5

第5章

图像调整

图像的色彩是吸引人视觉的第一要素，任何图像的处理都离不开色彩。合理使用个性化的色彩能抓住观众的视线，使观众产生不同的生理反应和心理联想。Photoshop CS 3 提供了丰富的色彩处理功能，使用这些功能可以调整图像的色彩、亮度、对比度等，从而使图像生动、逼真、更具魅力。

本章主要内容：

色彩理论基础、色彩粗略调整、色彩精确调整、特殊色彩调整。

本章重点：

色彩的调整。

本章难点：

色彩的精确调整。

5.1 色彩基础知识

在调整色调之前需先了解色相、纯度、明度和对比度等色彩的基本知识，理解了这些概念可帮助我们更好地理解后面的操作。

1. 色彩三要素

色彩三要素是指色相、饱和度和明度，其含义如下所述。

（1）色相：其是指色彩的相貌，是色彩的最大特征，用于区别各种不同的色彩，如红、绿等。对色相进行调整是指在多种颜色之间变化。

（2）饱和度：其是指色彩的纯度，也就是色彩鲜浊、饱和、纯净的程度。同一种颜色，当加入其他颜色调和后，其纯度就会比原来的颜色低。

（3）明度：其是指色彩的明暗程度。色彩的明度可用黑白度来表示，越接近白色，明度越高，越接近黑色，明度越低。

2．色彩对比

将两种颜色运用在一个图像中，观察其有明显不同的地方称之为对比。同虚与实、明与暗、动与静、高与低以及繁与简等相似，色彩同样也是靠对比增强和减弱来表现的。色彩的对比主要包括以下几个方面。

（1）色相对比：其是指各颜色相差别而形成的对比，色相对比的强弱可以用色彩在色相环上的距离来表示。

（2）饱和度对比：其是指将不同饱和度的颜色并置，因纯度的差异所形成的鲜艳的颜色更鲜艳，浑浊的颜色更浑浊的色彩对比现象。

（3）明度对比：其是指色彩明暗程度的对比。明度对比弱具有含蓄、模糊的特点；明度对比适中具有明朗、爽快的特点；明度对比强具有强烈、刺激的特点。

（4）冷暖对比：其是指因色彩感觉的冷暖差别而形成的对比，暖色（黄、黄橙、橙、红、红橙、红紫）给人以前进感；冷色（黄绿、绿、蓝绿、蓝、蓝紫、紫）给人以后退感。

3．色彩的调和

色彩的调和有两层含义：一是色彩调和是配色美的一种形态，一般认为好看的配色能使人产生愉快、舒适的感觉；二是色彩调和是配色美的一种手段。色彩的调和是针对色彩的对比而言的，没有对比就无所谓调和，两者既互相依存，又相辅相成。不过，色彩的对比是绝对的，因为两种以上的色彩在构成中总会在色相、纯度、明度、面积等方面或多或少有所差别，这种差别必然会导致不同程度的对比。对比过强的配色需要加强共性来调和；对比过于暧昧的配色需要加强对比来进行协调。色彩的调和就是在各色的统一与变化中表现出来的。

4．色彩的联想与象征

色彩的联想有时产生形象的具体事物，有时则产生抽象性的事物。一般来说，幼年时期所联想的以具体事物为多，随着年龄的增长、知识的积累，抽象性的联想有增加的趋势。这种抽象性的联想称为色彩的象征，它是属于比较感性的思维层面，也偏向心理上的感觉效果。部分常用色彩的象征含义如下：

（1）红色：红色象征生命、热情、精力充沛，是一种使人兴奋的、引人注意的、充满青春气息和最能引起情绪活动的颜色。

（2）橙色：橙色即一般所说的橘色，充满了暖色感，是一种红色中带有黄色的色彩。

（3）黄色：黄色的种类繁多，黄色象征着太阳、温暖、舒心。

（4）绿色：绿色是大自然的颜色，不仅象征自然生命和生长，也象征和平、安详、平静和温和，因此其给人的印象是安全、自然，可带给人们内心的平安。

（5）蓝色：蓝色给人寂静、透明的感觉，可展现无限的空间感。蓝色给人最直接的联想便是清澈深远的太空或一望无际的大海，闪动着深远而神秘的色彩。

（6）紫色：紫色在欧洲流传很广，其特点是娇柔、高贵、艳丽和优雅。紫色可提高周围环境的气氛，在正式的场合或宴会中也属于非常引人注目的颜色。

5.2 色彩的粗略调整

1．自动色阶

"自动色阶"命令可用于处理对比度不强的图像，使用此命令可以自动增强图像的对比度。

2．自动颜色

"自动颜色"命令可以自动调整图像颜色，其主要针对图像的亮度和颜色之间的对比度。

3．自动对比度

自动对比度可以自动调整图像亮部和暗部的对比度。它会将图像中最暗的像素转换为黑色，将最亮的像素转换为白色，使原图像中亮的区域更亮，暗的区域更暗，从而加大图像的对比度。

4．亮度/对比度

利用"亮度/对比度"命令可以对图像的色调范围进行简单的调整。与曲线不同，"亮度/对比度"会对每个像素进行相同程度的调整。对于高端输出不能使用"亮度/对比度"命令，因为它可能会导致图像细节丢失。

在使用"亮度/对比度"命令调整图像时，其对话框如图 5.2.1 所示。

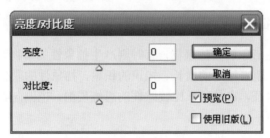

图 5.2.1

（1）亮度：滑动滑块向左滑动亮度降低，向右滑动亮度增加。
（2）对比度：滑动滑块向左滑动对比度降低，向右滑动对比度增加。

5．变化

"变化"命令通过显示替代物的缩览图来综合调整图像的色彩平衡、对比度和饱和度。此命令对于不需精确调整颜色的平均色调图像最为有用，但不适用于索引颜色图像或 16 位/通道的图像。"变化"命令的对话框如图 5.2.2 所示。

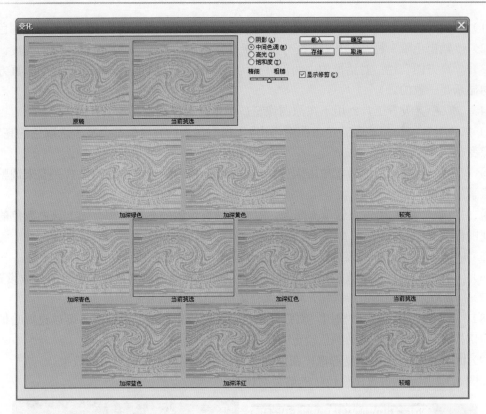

图 5.2.2

5.3　色彩的精确调整

1. 色阶

　　使用"色阶"命令可以调整图像中各个通道的明暗程度。执行"图像">"调整">"色阶"命令可弹出"色阶"对话框，如图 5.3.1 所示。其各选项的含义如下。

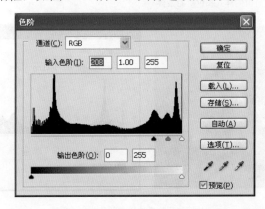

图 5.3.1

（1）"输入色阶"栏：3 个文本框分别用于设置图像的暗部色调、中间色调和亮部色调。

（2）"输出色阶"栏：2 个文本框分别用于提高图像的暗部色调和降低图像的亮度。

（3）"直方图"栏：对话框的中间部分称为直方图，它与 Photoshop 工作界面中直方图面板中的显示是一致的。

（4）吸管工具：用于在原图像窗口中单击选择颜色。各工具的作用如下：

① 黑色吸管：用该吸管单击图像，图像上所有像素的亮度值都会减去选取色的亮度值，使图像变暗。

② 灰色吸管：用该吸管单击图像，Photoshop 将用吸管单击处的像素亮度来调整图像所有像素的亮度。

③ 白色吸管：用该吸管单击图像，图像上所有像素的亮度值都会加上该选取色的亮度值，使图像变亮。

（5）自动(A)：单击该按钮，Photoshop 将应用自动颜色校正功能来调整图像。

（6）存储(S)...：单击该按钮，可以以文件的形式存储当前对话框中色阶的参数设置。

（7）载入(L)...：单击该按钮，可载入存储的*.ALV 文件中的调整参数。

（8）选项(T)...：单击该按钮，将打开"自动颜色校正选项"对话框，可以设置暗调、中间值的切换颜色以及设置自动颜色校正的算法。

（9）☑预览(P)：选中该复选框，在原图像窗口中可预览图像调整后的效果。

如图 5.3.2 所示为调整图像色阶的前后对比。

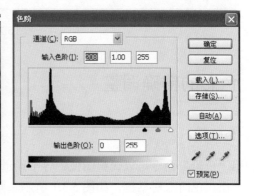

图片调整色阶前的样式和色阶的系数

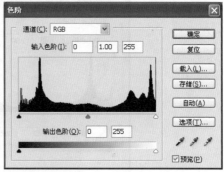

图片调整色阶后的样式和色阶的系数

图 5.3.2

2. 曲线

使用"曲线"命令可以对图像的色彩、亮度和对比度进行综合调整，与"色阶"命令不同的是，它可以在从暗调到高光这个色调范围内对多个不同的点进行调整，常用于改变物体的质感。

执行"图像">"调整">"曲线"命令，将弹出"曲线"对话框，如图 5.3.3 所示，其中部分选项的作用与"色阶"对话框中的相同。在上方的编辑框中单击曲线上的某一点，再进行拖曳，即可调节曲线。

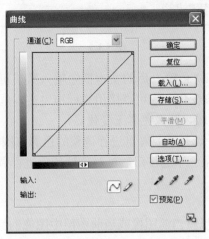

图 5.3.3

如图 5.3.4 所示为调整曲线的前后对比。

调整前

调整后

图 5.3.4

3. 色彩平衡

使用"色彩平衡"命令可以调整图像整体的色彩平衡，还可在彩色图像中改变颜色的混合。若图像有明显的偏色，用户可以用该命令来纠正。

执行"图像">"调整">"色彩平衡"命令，将弹出"色彩平衡"对话框，如图 5.3.5 所示，其中各选项的含义如下。

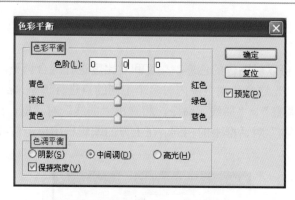

图 5.3.5

（1）"色彩平衡"栏：在"色阶"后的文本框中输入数值可以调整 RGB 三原色到相应 CMYK 色彩模式间对应的色彩变化，也可直接用鼠标拖曳文本框下方的 3 个滑块来调整图像的色彩。当 3 个数值都设为 0 时，图像色彩无变化。

（2）"色调平衡"栏：用于选择需要着重进行调整的色彩范围，包括○暗调(S)、◉中间调(D)、○高光(H)3 个单选按钮，选中某一单选按钮后可对色调颜色进行调整。

4．匹配颜色

使用"匹配颜色"命令可以将当前图像或当前图层中图像的颜色与它下一层中的图像或其他图像文件中的图像相匹配，常用于匹配合成两幅颜色相差较大的图像。

执行"图像">"调整">"颜色匹配"命令，打开"匹配颜色"对话框，如图 5.3.6 所示。其中各选项的含义如下。

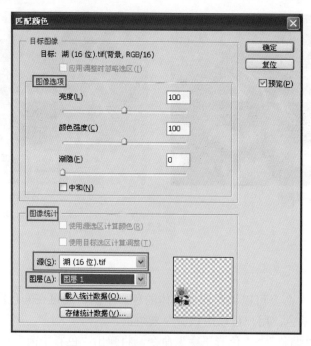

图 5.3.6

（1）"图像选项"栏：拖曳"颜色强度"滑块可以增加或减小图像中的颜色像素值；拖曳"渐隐"滑块可控制应用于匹配图像的调整量，向右拖曳表示减小。

（2）"图像统计"栏：在"源"下拉列表框中选择需要匹配的源图像，如果选择"无"选项，表示用于匹配的源图像和目标图像相同，即当前图像，也可选择其他已打开的用于匹配的源图像。选择后将在右下角的预览框中显示该图像的缩略图。

如图 5.3.7 所示为合成图像时匹配图像颜色后的前后比较效果。

图像合成前

颜色匹配后

图 5.3.7

5．色相/饱和度

执行"图像">"调整">"色相/饱和度"命令，在弹出的"色相/饱和度"对话框中进行设置，如图 5.3.8 所示。对话框中各选项的含义如下。

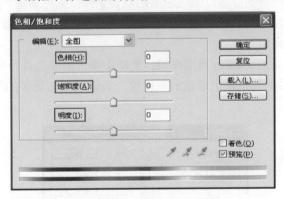

图 5.3.8

（1）"色相"栏：调整所选颜色的色相，取值范围为-180～180。

（2）"饱和度"栏：调整所选颜色的饱和度。

（3）"明度"栏：调整所选颜色的亮度。

6．替换颜色

"替换颜色"命令用于调整图像中选取的特定颜色区域的色相、饱和度和亮度值。

执行"图像">"调整">"替换颜色"命令，弹出"替换颜色"对话框，可进行参数设置以替换图像颜色，如图 5.3.9 所示。

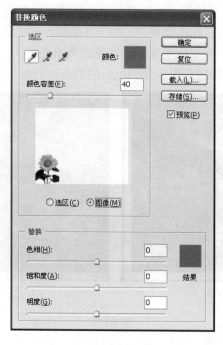

图 5.3.9

7. 通道混合器

使用"通道混合器"命令可通过颜色通道的混合来修改颜色通道，产生图像合成效果。

执行"图像">"调整">"通道混合器"命令，打开"通道混合器"对话框，如图 5.3.10 所示，其中各选项的含义如下。

（1）"源通道"栏：用于调整源通道在输出通道中所占的颜色百分比。

（2）"常数"栏：用于调整输出通道的灰度值，负值将增加更多的黑色，正值将增加更多的白色。

图 5.3.10

8. 照片滤镜

照片滤镜是模仿在相机镜头前面加一个彩色的滤镜，以调整通过镜头传输的光的色彩平衡，使胶片曝光，还可以选择预设的颜色应用于色相的调整。

执行"图像">"调整">"照片滤镜"命令，打开"照片滤镜"对话框，如图 5.3.11 所示。其中各选项的含义如下。

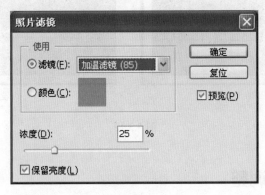

图 5.3.11

（1）**⊙颜色：**：选中该单选按钮，再单击其右侧的颜色框，将打开"拾色器"对话框，在其中可自定义滤镜的颜色。

（2）**☑保留亮度(P)**：选中该复选框，可在添加照片滤镜的同时保持图像原来的明暗程度。

9. 可选颜色

使用"可选颜色"命令可选择某种颜色范围，从而进行有针对性的修改，这样可以在不影响其他颜色的情况下修改图像中某种颜色的值。

执行"图像">"调整">"可选颜色"命令，打开"可选颜色"对话框，参数设置如图 5.3.12 所示。设置前后的对比效果如图 5.3.13 所示。

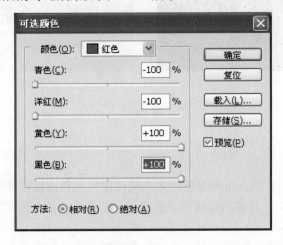

图 5.3.12

设置前　　　　　　　　　　　　　　　　　　　设置后

图 5.3.13

5.4　色彩的特殊调整

1. 反向

"反向"命令可将已经创建的选区翻转，选择图像中没有被选中的部分，从而将图像中的选择区域和未选择区域相互调换，如图 5.4.1 所示。

原图像　　　　　　　　　　　　　　　　　反向后图像效果

图 5.4.1

2. 阈值

"阈值"命令能把彩色或灰阶图像转换为高对比度的黑白图像。其可以指定一定的色阶作为阈值，然后执行命令，于是比指定阈值亮的像素会转换为白色，比指定阈值暗的像素会转换为黑色。

"阈值"对话框中的直方图显示当前选区中像素亮度级。拖曳直方图下的三角形滑块到适当位置（也可以在顶部数据框中输入数值），单击"确定"完成，效果对比如图 5.4.2 所示。

原图　　　　　　　　　　　　　　　　　　阈值调整后效果

图 5.4.2

3．色调均化

将图像中最亮的部分提升为白色，最暗的部分降低为黑色，这个命令按照灰度重新分布亮度，使图像看上去更加鲜明，但无法纠正偏色，如图 5.4.3 所示。

原图　　　　　　　　　　　　　　　　　　色调均化后效果

图 5.4.3

4．色调分离

使用"色调分离"命令可以指定图像中每个通道的色调级（或亮度值）数目，然后将像素映射在最接近的匹配色调上，以减少并分离图像的色调。执行"图像">"调整">"色调分离"命令，在打开的"色调分离"对话框的"色阶"栏中可以设置色调级数目。

5. 去色

使用"去色"命令可以丢弃图像中的颜色信息，从而将图像变为灰度显示。打开图像后，执行"图像">"调整">"去色执行菜单"命令即可将图像去色。

5.5 实例讲解

5.5.1 实例一：清新自然的照片调整

（1）打开图片，复制图层（Ctrl+J），执行"图像">"调整">"色阶"命令，选择"自动色阶"（Shift+Ctrl+L），还原图像的颜色，如图 5.5.1 所示。

图 5.5.1

（2）新建一层"渐变映射"，如图 5.5.2 所示，做一个紫色#8f218b→黄色#fdd600 的渐变，如图 5.5.3 所示，然后把"图层混合模式"改成"滤色"，将"不透明度"设置为 35%，如图 5.5.4 所示。

图 5.5.2

图 5.5.3

图 5.5.4

（3）新建一层填充调整图层"色阶"，参数设置如图 5.5.5 所示。

图 5.5.5

（4）再新建一层绿色#388121→黄色#f9d52d 的"渐变映射"，如图 5.5.6 所示，将"图层混合模式"改为"正片叠底"，"不透明度"设置为 10%，如图 5.5.7 所示。

图 5.5.6

图 5.5.7

（5）若画面有点暗，可再调一下色阶，参数设置如图 5.5.8 所示。

（6）新建一个比原图大很多的文档，如图 5.5.9 所示。

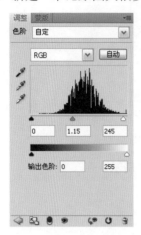

图 5.5.8　　　　　　　　　　　　　　　图 5.5.9

（7）把新建的文档填充黑色，然后执行"滤镜">"渲染">"镜头光晕"命令，参数设置如图 5.5.10 所示。

图 5.5.10

（8）把镜头光晕的那个图层拖到要调色的那个文档里，将"图层混合模式"改为"滤色"，然后放在图片的左上角，如图 5.5.11 所示。

（9）最终效果如图 5.5.12 所示。

图 5.5.11

图 5.5.12

5.5.2　实例二：利用多种手段处理偏色的数码照片

（1）打开素材图片，如图 5.5.13 所示。

图 5.5.13

（2）平衡一下直方图，调出色价。照片灰雾大，偏色不要去管它，先把图片的三个通道调平衡。把色价调出来，看一下三个通道的直方图，红色通道调整如图 5.5.14 所示。

图 5.5.14

绿色通道调整如图 5.5.15 所示。

图 5.5.15

蓝色通道调整如图 5.5.16 所示。

图 5.5.16

（3）调整一下图像的偏色问题，拾取品红色（颜色：c1575e），填充前景色，反向，把"图层模式"改为"柔光"，把图层的"不透明度"修改为60%，如图5.5.17所示。

图5.5.17

（4）现在色彩基本上符合要求了，为了让颜色更加协调，在"图像"菜单中单击"自动色阶"、"自动对比度"、"自动颜色"。最终效果如图5.5.18所示。

图5.5.18

（5）进行最后修饰，用"色相/饱和度"进行微调，如图 5.5.19 所示。

图 5.5.19

5.5.3　实例三：褐色怀旧色调城市纪实图片制作

（1）对画面进行适当的裁切以便于后期编辑，如图 5.5.20 所示。

图 5.5.20

（2）执行"图像">"亮度/对比度"命令进行亮度调整，此时弹出如图 5.5.21 所示的对话框。

图 5.5.21

（3）执行"图层">"复制图层"命令，弹出如图 5.5.22 所示的对话框。

图 5.5.22

（4）执行"图像">"调整">"去色"命令，弹出"色彩平衡"对话框，然后进行色彩平衡调整，如图 5.5.23 所示。

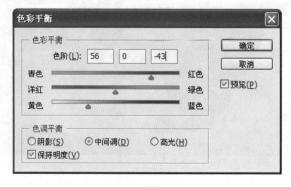

图 5.5.23

（5）设置不透明度与填充，选择"不透明度"为 70%（根据画面需要），如图 5.5.24 所示。

（6）新建图层，选择浅咖啡色进行添充，如图 5.5.25 所示。

图 5.5.24

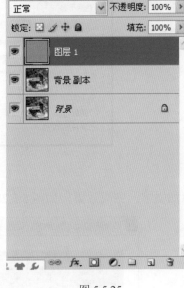

图 5.5.25

（7）选择矩形选框工具在画面 5/3 处执行"选中" > "选择" > "羽化半径"（50）命令，然后单击<Delete>（删除）键，如图 5.5.26 所示。

图 5.5.26

（8）合并图层，最后进行整体色调的调整，执行"图像">"调整">"色彩平衡"命令，弹出如图 5.5.27 所示的对话框。

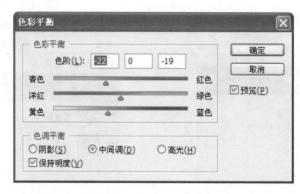

图 5.5.27

（9）添加文字，完成效果，如图 5.5.28 所示。

图 5.5.28

5.5.4　实例四：照片着色

（1）打开素材文件，要求对人物皮肤及吉他部分进行色彩着色处理，将黑白照片处理为彩色照片，素材图如图 5.5.29 所示。

图 5.5.29

（2）使用快速选择工具选中人物的皮肤部分，如图 5.5.30 所示。

图 5.5.30

（3）执行"图像" > "调整" > "色相/饱和度"命令，在弹出的"色相/饱和度"对话框中勾选"着色"，拖曳滑块对人物皮肤着色，如图 5.5.31 所示。

图 5.5.31

（4）使用"快速选择工具"选择吉他选区。执行"图像">"调整">"色相/饱和度"命令，在弹出的"色相/饱和度"对话框中勾选"着色"，拖曳滑块对吉他着色，如图 5.5.32 所示。

图 5.5.32

（5）最终效果如图 5.5.33 所示。

图 5.5.33

课后作业

一、选择题

（1）曲线是用来调整图像的重要工具，而使用曲线有两种选择，一种是用"调整"菜单下的调整曲线，另一种是在"图层"调板的图层调整中对图层添加的曲线。那它们两个的不同在于（　　）。

A．前者不会破坏图层的图像　　　　　B．后者会破坏图层的图像

C．前者针对一个图层　　　　　　　　D．后者针对当前图层以下的所有图层

（2）在两张图片中，图 5.6.1（a）亮度过低且颜色暗淡，使用（　　）可以纠正亮度和鲜艳程度（如图 5.6.1（b）所示）。

（a）　　　　　　　　　　　　　　　　（b）

图 5.6.1

A．色相/饱和度　　　　　B．阈值　　　　　C．曲线　　　　　D．色阶

二、上机题

（1）打开本书作业素材中的 flower.jpg 文件，运用图像调整的方法将如图 5.6.2（a）所示的蓝色花朵处理成图 5.6.2（b）所示的红色花朵。

（a）　　　　　　　　　　　　　　　　（b）

图 5.6.2

（2）打开本书作业素材中的"云海.jpg"文件，可以看到照片所拍摄的山峰明显偏黑，如图 5.6.3（a）所示。请使用曲线调整的方法将其调整到如图 5.6.3（b）所示的效果，注意还要保持天空和白云色彩逼真并清晰可见。

（a）　　　　　　　　　　　　　　　　　（b）

图 5.6.3

第 6 章

形状与路径

路径是 Photoshop 中的强大功能之一，它是基于"贝塞尔"曲线建立的矢量图形，所有使用矢量绘图软件或者矢量绘图工具制作的线条原则上都可以称为路径。

本章主要内容：

本章将详细讲解如何在 Photoshop 中绘制形状与路径，包括如何创建、保存及编辑路径；使读者掌握使用钢笔工具与形状工具来绘制直线、曲线及一些特定的形状并深入剖析形状与路径间的关系。

本章重点：

如何创建、保存及编辑形状与路径。

本章难点：

掌握使用钢笔工具与形状工具来绘制直线、曲线及一些特定的形状并深入剖析形状与路径间的关系。

6.1 路径的基本概念和基本操作

6.1.1 路径的概念和绘图工具

在 Photoshop 中，路径是使用贝赛尔曲线所构成的一段闭合或者开放的曲线段。它可以是一个点、一条直线或者一条曲线，除了点外的其他路径均由锚点、锚点间的线段构成。路径可以是闭合的，没有起点或终点；也可以是开放的，有明显的起点和终点。路径不必是由一系列路径段连接起来的一个整体，它可以包含多个彼此完全不同而且相互独立的路径组件。形状图层中的每个形状都是一个路径组件。

6.1.2 绘图工具概述

在计算机上创建图形时，绘图和绘画之间是有区别的：绘画是用绘画工具更改像素的颜色，而绘图是创建被定义为几何对象的形状（也称矢量对象）。Photoshop CS 3 中提供了多种绘图工具，它们是钢笔工具 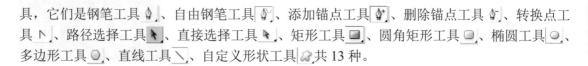、自由钢笔工具 、添加锚点工具 、删除锚点工具 、转换点工具 、路径选择工具 、直接选择工具 、矩形工具 、圆角矩形工具 、椭圆工具 、多边形工具 、直线工具 、自定义形状工具 共 13 种。

6.2 路径的基本操作

工作路径是以矢量方式来精确绘制图形的重要工具。在图像上制作一个路径，沿着路径还可以做许多描画。

6.2.1 绘制路径

选择形状工具或钢笔工具并在选项栏中单击 路径按钮，以"钢笔"工具为例，如图 6.2.1 所示为"钢笔"工具的选项栏。

图 6.2.1

"钢笔"工具选项栏上的选项功能如下所述。

1——形状图层：添加一个新图层，直至一个形状矢量蒙版。

2——路径：新建一个路径，绘制一个路径。

3——填充像素：绘制一个填充像素图形。

4——钢笔工具：可以创建或编辑直线、曲线或自由线条、路径及形状图层。

5——自由钢笔工具：使用该工具可随意绘图，就像用铅笔在纸上绘图一样，在绘图时将自动添加锚点。

6——矩形工具：可以绘制矩形，按住<Shift>键可以直接绘制出正方形，按住<Alt+Shift>键可由中心绘制出正方形效果。

7——圆角矩形工具：可以绘制圆角矩形，与矩形工具使用方法相同。与矩形工具不同的是，圆角矩形工具多了一个半径选项可以设置圆角的大小。

8——椭圆工具：可以绘制椭圆，按住<Shift>键可以直接绘制出正圆，按住<Alt+Shift>键可由中心绘制出正圆效果。

9——多边形工具：用于绘制不同边数的多边形或者星形。

10——直线工具：可以绘制不同形状的直线，根据需要还可以为直线增加箭头。

11——自定形状工具：在自定形状列表框中，Photoshop 提供了大量的特殊形状，利用该工具可以非常方便地在页面中创建相应的形状或路径。

a——添加到形状区域：可为现有形状或路径添加新区域。

b——从形状区域减去：可从现有形状或路径中删除重叠区域。

c——交叉形状区域：可将区域限制为新区域与现有形状或路径的交叉区域。

d——重叠形状区域除外：可从新区域和现有区域的合并区域中排除重叠区域。

注 意

对于开放型路径，系统将自动以直线段连接起点与终点。

在图像窗口中点击创建起点锚点，然后移动指针到第二个锚点处点击，即可创建直线段，如图 6.2.2 所示。

在第三个锚点处点击并按住左键拖曳，即可得到曲线段，如图 6.2.3 所示。

根据需要继续创建直线段和曲线段，当返回起点处时，指针呈现出 状，如图 6.2.4 所示。

单击以完成工作路径的绘制，会自动在"路径"面板生成"工作路径"，如图 6.2.5 所示。

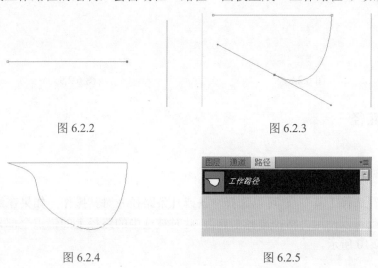

图 6.2.2　　　　　　　　　　　　　　　　图 6.2.3

图 6.2.4　　　　　　　　　　　　　图 6.2.5

6.2.2　编辑路径

1. 添加锚点工具

选择"添加锚点工具" 可以在已绘制完成的路径上增加锚点。在路径被激活的状态下选用"添加锚点工具"直接单击要增加锚点的位置，即可增加一个锚点，如图 6.2.6 所示。

2. 删除锚点工具

选中路径后，将"删除锚点工具" 移动到不需要的锚点上，单击即可删除该锚点，如图 6.2.7 所示。

图 6.2.6　　　　　　　　　　　　　　　图 6.2.7

3. 转换点工具

在对锚点进行调整编辑时，经常需要将一个直线型锚点转换为圆滑锚点，或将圆滑锚点转换成直线锚点。要完成此类操作，可以使用"转换点工具" 。使用此工具在直线锚点上单击并拖曳左键，即可将直线锚点转换成圆滑锚点，如图 6.2.8 所示；反之，用此工具单击圆滑锚点，则可将锚点转换为直线锚点，如图 6.2.9 所示。

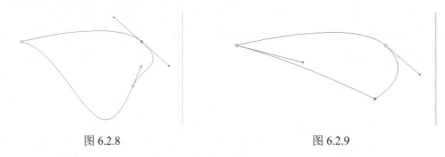

图 6.2.8   图 6.2.9

6.2.3 选择路径

1. 路径选择工具

利用"路径选择工具" 可以选择一条或几条路径并对其操作，如果在编辑过程中要选择整条路径，就可以使用"路径选择工具"，此时被选中的路径上的锚点全部显示为黑色小正方形，如图 6.2.10 所示。

2. 直接选择工具

利用"直接选择工具" 可以选择路径、路径段、锚点和移动锚点、方向点，以达到调整路径的目的。在路径中，选中的锚点以黑色小正方形显示，未选中的锚点则显示为空心小正方形，如图 6.2.11 所示。

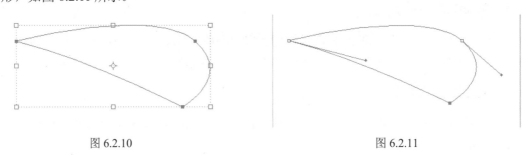

图 6.2.10   图 6.2.11

6.2.4 路径面板

路径面板如图 6.2.12 所示，各按钮的名称及其功能说明如下所述。

1——填充路径：将当前的路径内部完全填充为前景色。

2——描边路径：使用前景色沿路径的外轮廓进行边界勾勒。

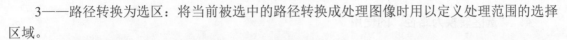

3——路径转换为选区：将当前被选中的路径转换成处理图像时用以定义处理范围的选择区域。

4——选区转换为路径：将选择区域转换为路径。

5——新建路径层工具：用于创建一个新的路径层。

6——删除路径层工具：用于删除一个路径层。

1. "填充路径"的使用

填充路径工具用于将当前的路径内部完全填充为前景色。如果用户只选中了一条路径的局部或者选中了一条未闭合的路径，则 Photoshop 填充将路径的首尾以直线段连接后所确定的闭合区域。如果需要进行填充设置，则可以在按住键盘的<Alt>键的同时，点取此填充路径工具图标，则在填充前首先会弹出一个设置窗口，如图 6.2.13 所示。其用于设置填充的相应属性。

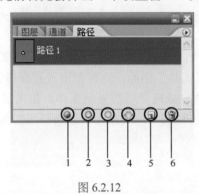

图 6.2.12　　　　　　　　　　　　　图 6.2.13

2. "描边路径"的使用

描边路径的作用是使用前景色沿路径的外轮廓进行边界勾勒，主要是为了在图像中留下路径的外观。从严格意义上讲，勾勒路径工具实际上是使用某 Photoshop 绘图工具沿着路径以一定的步长进行移动所导致的效果。如果在按住键盘上<Alt>键的同时，点取此勾勒路径图标，则会弹出一个"描边路径"对话框，如图 6.2.14 所示。

图 6.2.14

在此对话框中，选用不同的绘图工具将导致不同的勾勒效果，同时勾勒效果也受选择工具原始的笔头类型影响。

3. "路径转换为选区"的使用

为了将当前被选中的路径转换成处理图像时用以定义处理范围的选择区域，可以使用路径转换工具来完成转换过程。如果在按住键盘上的<Alt>键的同时，点取此"路径转换为选择区域"的工具图标，则可以弹出设置窗口。

4. "选区转换为路径"的使用

在 Photoshop 中，不仅能够进行将路径转换为选择区域的操作，反过来将选择区域转换为路径也是可以的。这一操作使用了位于路径控制调板中的"选择转换为路径"的工作按钮。将选择区域转换成路径这一功能通常使用以得到某些图像，如扫描后所得到的毛笔字转换成矢量描述文件，这样可以将其外观直接导入如 3ds Max 等 3D 或矢量图形工具中进行放样编辑等操作。按住键盘上的<Alt>键，然后单击此选择区域转换为路径的工具图标则可弹出"建立工作路径"对话框。

其中的唯一一个设置项为"容差"选项，它决定着转换过程所容许的误差范围，其设置范围为 0.5～10，单位为像素，其设置值越小，则转换精确度越高，代价是所得到的路径上节点数量也越多。默认情况下此值为 2 个像素。

5. "新建路径层工具"的使用

单击此工具即可在 PATH 控制调板中新增加一个新的路径层。与其他同类工具一样，如果按住键盘的<Alt>键，然后单击此"新建路径层工具"图标，则可弹出设置窗口。

"新建路径层工具"的另外一个作用是快速完成路径层的复制工作。如果需要得到一个已经存在的路径层的副本，则可以直接将此路径层列表条拖曳至"新建路径层工具"图标处，释放鼠标左键后即可完成复制路径层的工作。

6. "删除路径层工具"的使用

为了删除一个无用的路径层，用户可以先选中此层，然后单击"删除路径层工具"图标即可。当然，也可以直接使用点拖操作来完成删除路径层的工作。

6.3   绘制形状

6.3.1   绘制规则的形状

1. 矩形工具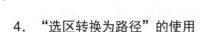

选择"矩形工具"可以很方便地绘制出矩形或正方形。使用时，按住<Shift>键可直接绘制出正方形；按住<Alt>键可实现从中心向四周绘制图形；如两键同时按下，则可以得到由中心绘制出来的正方形。

2. 圆角矩形工具

选择"圆角矩形工具"可以很方便地绘制出圆角矩形或正圆角矩形。在选项栏中可以设置半径的大小来调整圆角的度数。

3．椭圆工具

选择"椭圆工具"可以很方便地绘制出椭圆形或圆形。使用时，按住<Shift>键可直接绘制出正圆形；按住<Alt>键可实现从中心向四周绘制图形；如两键同时按下，则可以得到由中心绘制出来的正圆。

4．多边形工具

选择"多边形工具"可以很方便地绘制出正多边形、星形或多边形等，在默认状态下则绘出正六边形。

5．直线工具

选择"直线工具"可以很方便地绘制出直线和带有箭头的线段。

6．自定形状工具

选择"自定形状工具"可以很方便地绘制出一些预设的图形和自定义的图形。

6.3.2　绘制自定义的形状

（1）新建一个文件并用钢笔工具 绘制所需形状的外轮廓路径，如图 6.3.1 所示。

（2）在菜单栏中执行"编辑"＞"定义自定形状"命令，在弹出的"形状名称"对话框中输入新形状的名称，然后单击"确定"按钮，如图 6.3.2 所示。

（3）单击"自定形状工具" 选项条中"形状"选项后面的三角按钮 ，打开形状列表框，即可选择自定义的形状，如图 6.3.3 所示。

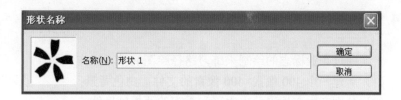

图 6.3.1　　　　　　　　　　　　　　　　　　图 6.3.2

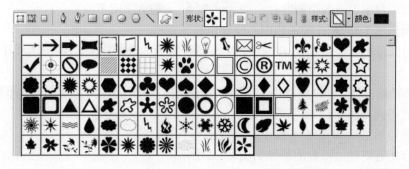

图 6.3.3

6.3.3　形状图层

1．创建形状图层

通过在图像上方创建形状图层，可以在图像上方创建填充有前景色的几何形状。形状图层具有非常灵活的矢量特性。

创建形状图层的步骤如下：

（1）在工具箱中选择任意一种形状工具；

（2）单击选项条中的"形状图层"按钮；

（3）设置"前景色"为希望得到的填充色；

（4）使用绘制形状工具在图像中绘制所需的形状。

2．栅格化形状图层

由于形状图层具有矢量特性，在此图层中无法使用对像素进行处理的各种工具及命令，从而限制了用户对其进一步处理的可能性。

栅格化形状图层的操作步骤如下：

（1）选择要去除矢量特性的形状图层；

（2）执行"图层"＞"栅格化"＞"形状"命令；

（3）将形状图层转换为普通图层。

6.4　路径操作实例

6.4.1　用路径绘制企业标志

下面通过企业标志的绘制来练习路径绘图的基本操作。

（1）新建一个 400 像素×400 像素的文件，白色背景；

（2）分别在中心位置拉出水平和垂直的两根辅助线；

（3）使用椭圆工具 ◯，在选项栏上点击路径按钮 ▨，在参考线的中心绘制两个圆形路径；

（4）在选项栏中组合两个圆路径，如 ❑❒❒❒ ❏ ▊组合▊ 所示；

（5）使用矩形工具 ❑ 在参考线中心绘制出长条矩形；

（6）使用圆角矩形工具 ◻，在选项栏中设置半径为 20 半径: 20 px，在参考线中心绘制出一个圆角矩形；

（7）用路径选择工具 ▶ 框选所有图形，在选项栏中组合图形路径，如 ❑❒❒❒ ❏ ▊组合 企业标志 @ 100% (所示，完成后得到如图 6.4.1 所示的结果；

（8）使用矩形工具 ❑ 在参考线中心绘制出一个小矩形；

（9）组合所有路径，得到的路径如图 6.4.2 所示；

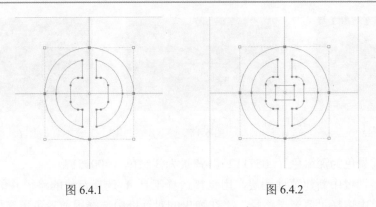

图 6.4.1　　　　　　　　　　　　　图 6.4.2

（10）使用快捷键<Ctrl+Enter>激活绘制好的工作路径，填充颜色（#f40500），效果如图 6.4.3 所示。

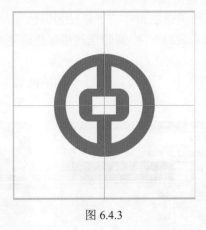

图 6.4.3

6.4.2　用路径绘制风景画

下面绘制一幅风景画，用路径和形状工具来绘制花与小路，再为各个路径填充不同的颜色，步骤如下。

（1）新建一个 400 像素×400 像素的文件，背景为白色。

（2）设置前景色为淡蓝色，背景色为淡黄色，使用渐变工具由上往下拉一根直线，得到一个蓝色到黄色的渐变背景，如图 6.4.4 所示。

（3）使用钢笔工具 绘制出草地、小路、花、云、太阳的路径，如图 6.4.5～图 6.4.8 所示。

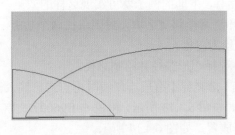

图 6.4.4

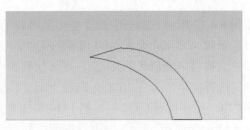

图 6.4.5

图 6.4.6 图 6.4.7 图 6.4.8

（4）设置前景色为深绿色（#057112），背景为浅绿色（#00c517）。

（5）在图层调板中新建草地图层，用直接选择工具 ↖ 选择左边的路径并单击鼠标右键，在弹出的子菜单中选择"填充子路径"，在弹出的对话框中选择用前景色填充。

（6）以同样的步骤建不同的图层，分别填充白云（白色，#ffffff）、太阳（橘红色，#f25b00）和小路（土黄色，#e0d085），如图 6.4.9 所示。

（7）新建小花图层，分别选填充根和叶的子路径为绿色（#068a16），然后填充花边为白色（#ffffff），花心为黄色（3efed22），中间的花蕊用红色画笔描边，然后删除多余部分，如图 6.4.10 所示。

（8）复制多个小花，调整其大小，将它们放置于小路的两边即得到最终效果图，如图 6.4.11 所示。

 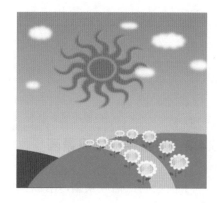

图 6.4.9 图 6.4.10 图 6.4.11

6.4.3 制作路径文字效果

一般情况下，文字在 Photoshop 中不是水平排列就是垂直排列，即使有倾斜但也是直线排列，有没有办法让文字按照任意方式排列呢？当然有，下面的例子就可实现这样的效果，完成效果如图 6.4.12 所示。例子中的爱心文字用到了环绕路径和文字填充封闭路径两个功能。

（1）新建一个 400 像素×400 像素的文件，背景为白色。

（2）选择自定义形状工具 ，在形状列表中选择心形路径并绘制路径。

（3）选择文字工具 T，在心形路径上写字，当 I 形光标上有段小斜线时再点击，输入黑色的文字"用一生一世爱！爱！爱！把 1314 说出来"，如图 6.4.13 所示，橙色（#ff9600）文字"she once was a true love of mine"分别沿右侧内外两侧放置，如图 6.4.14 所示。

图 6.4.12

图 6.4.13

图 6.4.14

（4）用同样的步骤写上左侧的文字"Love END LESS LOVE"，分别填充橙色（#ff9600）和深蓝色（3041a50），以白色描边，添加投影，放置在路径左外侧，如图 6.4.15 所示。

（5）将心形路径复制并缩小，然后把文字工具移动到路径内部，此时指针会变成另外一个形状，最后输入黑色文字"I Love You"，完成全图的输入，去掉路径，如图 6.4.16 所示。

图 6.4.15

图 6.4.16

6.4.4 用路径绘制梦幻蝴蝶

（1）在 Photoshop 中建立一个新的文档，文件大小为 400 像素×400 像素，图像模式为 RGB，背景是黑色，新建一个图层，用钢笔工具绘制一个花瓣形状，效果如图 6.4.17 所示；

（2）用鼠标右键单击已画好的路径，选择"建立选区"，羽化半径为 0，勾选上"消除锯齿"，然后用白色填充选区，效果如图 6.4.18 所示。

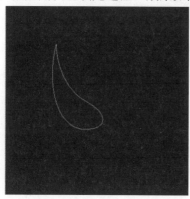

图 6.4.17

图 6.4.18

（3）按<Ctrl+Alt+D>组合键将选区羽化，"羽化半径"为 5（可以根据所建立的图形大小自行设定羽化半径），按<Delete>键删除选区中的白色，如图 6.4.19 所示。

（4）将刚建立的图层再复制 4 份并对复制的图层进行旋转变小，如图 6.4.20 所示。

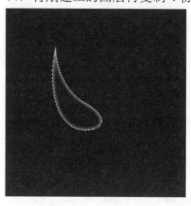

图 6.4.19

图 6.4.20

（5）先将第一个花瓣复制两层，再对其复制的两个图层分别进行动感模糊（"滤镜">"模糊">"动感模糊"），"模糊角度"范围在-100°～+80°之间，"距离"在 50 以内均可。其他几个花瓣也进行同样的处理。需要注意的是：在动感模糊时，其模糊角度范围在该层物体倾斜角度的-10°～+10°之间，"距离"在 50 以内均可，五个花瓣分别进行完后其效果如图 6.4.21 所示。

（6）将背景层隐藏起来，按<Ctrl+Shift+E>组合键，除了背景层以外的其他图层都合并在一起，再新建立一层，用渐变工具（选择喜欢的渐变颜色）填充新图层并将该图层的合成方式变成叠加。到这里蝴蝶就做完了，效果如图 6.4.22 所示。然后加以修饰，最终效果图如 6.4.23 所示。

图 6.4.21　　　　　　　　　图 6.4.22　　　　　　　　　图 6.4.23

6.4.5　绘制冬日雪景

通过绘制冬日雪景画来练习形状的绘制与编辑操作。

（1）新建一个 400 像素×400 像素的文件，背景为白色。

（2）设置前景色为橙色（#f68601），背景色为淡橙色（#f6d1aa），用渐变工具由上至下拉渐变得到背景如图 6.4.24 所示。

（3）将前景色设置为湖蓝色（#0582c0），背景色为藏蓝色（#055881）。选择"矩形工具" 并单击工具属性栏中的"形状图层"按钮，然后在图像窗口的底部绘制矩形，如图 6.4.25 所示。

图 6.4.24　　　　　　　　　　　　　　图 6.4.25

（4）执行"图层"＞"图层样式"＞"渐变叠加"命令，打开样式对话框，在其中设置"渐变"为"前景到背景"，其他参数设置如图 6.4.26 所示。图像效果如图 6.4.27 所示。

（5）将矩形的填充内容更改为渐变后，单击图层的缩览图，取消形状轮廓的显示。

（6）将前景色设置为红色（#f70f24），背景色设置为橙色（#f88b2b），选择"椭圆工具"，在背景层与形状 1 之间（如图 6.4.28（a）所示）创建一个红色正圆的形状 2，如图 6.4.28（b）所示。

（7）参照图 6.4.28（c）中所示数值更改圆形填充内容为"红色→橙色→橙色"渐变色，其效果如图 6.4.29 所示。

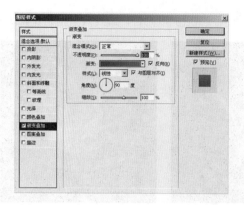

图 6.4.26 图 6.4.27

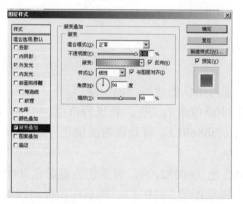

(a)

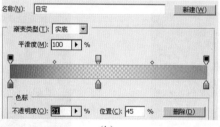

(b)

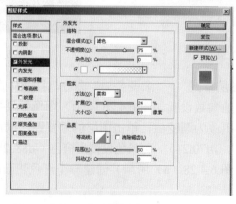

(c)

图 6.4.28

图 6.4.29

（8）将"形状 1"图层设置为当前图层，然后将前景色设置为白色，背景色设置为淡蓝色（#9bd0e6）。利用钢笔工具 ⬙ 在如图 6.4.30 所示的位置绘制雪地图形。

（9）参照图 6.4.31 中所示的参数设置将雪地图形的填充内容设置为"前景至背景"渐变色，效果如图 6.4.32 所示。

图 6.4.30　　　　　　　　　　图 6.4.31　　　　　　　　　　图 6.4.32

（10）继续用钢笔工具 ⬙ 绘制另一块雪地图形（白色）及小路（驼色#f1e1bd），效果如图 6.4.33 和图 6.4.34 所示。

图 6.4.33　　　　　　　　　　　　图 6.4.34

（11）给小路图层添加图层样式，参照如图 6.4.35 所示的参数设置为小路添加内阴影样式，效果如图 6.4.36 所示。

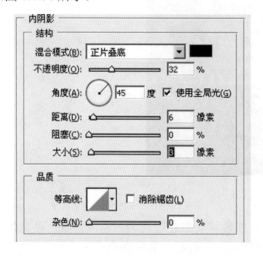

图 6.4.35　　　　　　　　　　　　　　　　图 6.4.36

（12）将前景色设置为墨绿色（#133813）。选择自定义形状工具，在其工具属性栏中选择"形状图层"按钮，然后点击形状按钮 形状: →右侧的倒三角打开形状面板，点击右侧倒三角按钮打开快捷菜单，选择"nature"文件加载到面板中并从面板中选择"树"，在图像窗口中绘制几棵树，设置前景色为白色，用画笔工具选择喷溅笔刷在树上进行勾勒，效果如图 6.4.37 所示。

（13）将前景色设置为白色，然后依次选择形状下拉列表中的"草 2"和"雪花 1"并分别在图像窗口中绘制草和雪花，效果如图 6.4.38 所示。

图 6.4.37　　　　　　　　　　　　　　　　图 6.4.38

（14）选择自由钢笔工具，在其工具属性栏中选择"形状图层"按钮，取消勾选"磁性的"复选框，然后在图像窗口绘制白云并设置该图层的"不透明度"为 30%，最终效果如图 6.4.39 所示。

图 6.4.39

课后作业

一、选择题

（1）使用（　　）可以移动某个锚点的位置并可以对锚点进行变形操作。

A．钢笔工具　　　　　　　　　　B．路径直接选择工具

C．添加锚点工具　　　　　　　　D．自由钢笔工具

（2）使用（　　）方法不能进行路径的创建。

A．钢笔工具　　　　　　　　　　B．使用自由钢笔工具

C．添加锚点工具　　　　　　　　D．先建立选区，再将其转化为路径

（3）下面工具不能进行路径的编辑的是（　　）

A．钢笔工具　　　　　　　　　　B．自由钢笔工具

C．添加锚点工具　　　　　　　　D．矩形工具

（4）使用钢笔工具时，不可以做的工作是（　　）。

A．将其转化为选区　　　　　　　B．绘制一些复杂的图案

C．插入文字　　　　　　　　　　D．绘制图形

（5）如图 6.5.1 所示，沿着路径插入文字，若要向一个封闭的路径内插入文字，当光标变成（　　）时就可以插入。

图 6.5.1

A. ⊥   B. ⊥   C. ⊥   D. ⊥

二、问答题

（1）如何创建一个路径？有哪几种方法？

（2）如何创建路径环绕文字？

（3）如何使用路径选择工具选择并移动路径？

三、上机题

（1）使用路径与选区转换精选图形，素材如图 6.5.2 所示。

图 6.5.2

（2）使用路径绘制如图 6.5.3 和图 6.5.4 所示的图形。

图 6.5.3   图 6.5.4

（3）使用描边路径绘制如图 6.5.5 所示的邮票效果。

图 6.5.5

第7章

通道和蒙版

在 Photoshop 中，通道具有与图层相同的重要性，这不仅是因为使用通道能够对图像进行非常细致的调节，更在于通道是 Photoshop 保存颜色信息的基本场所。

在图像处理中往往需要组合多幅图像以便得到更强的视觉冲击效果，巧妙地运用蒙版可以使图像组合产生神奇的效果，这正是 Photoshop 蒙版的魅力所在。本章介绍通道与蒙版的概念与用法。用好通道与蒙版是深入学习 Photoshop 操作的重要一步，关键在于真正理解它们，并用巧和用活它们。

本章主要内容：

通道与蒙版的用法。

本章重点：

通道与蒙版的用法。

本章难点：

如何将通道与蒙版在图像中用活、用巧。

7.1 通道的概念

简单地讲，通道就是用来保存图像的颜色数据和存储图像选区的。在实际应用中，利用通道可以方便、快捷地选择图像中的某部分图像，还可对原通道单独执行滤镜功能，从而制作出许多特殊的图像效果。

7.1.1 什么是通道

通道是用来存放图像信息的地方，Photoshop 将图像的原色数据信息分开保存，保存这些原色信息的数据带称为"颜色通道"，简称为通道。通道在英文版里面叫做 Channel，直译过来叫做"通道"。

通道的主要功能是保存图像的颜色信息，也可以存放图像中的选区。通道还用于保存蒙版，其作用是让被屏蔽的区域不受任何编辑操作的影响，从而使编辑图像的工作更加方便。

通道这一概念在 Photoshop 中是非常独特的，它不像层那样容易上手，其中的奥妙也要远远多于层。它是在色彩模式这一基础上衍生出的简化操作工具。譬如说，一幅 RGB 三原色图有三个默认通道：Red（红）、Green（绿）、Blue（蓝）。如果是一幅 CMYK 图像，则有四个默认通道：Cyan（蓝绿）、Magenta（紫红）、Yellow（黄）、Black（黑）。由此可看出，每一个通道其实就是一幅图像中某一基本颜色的单独通道。也就是说，通道是利用图像的色彩值进行图像修改的，可以把通道看作摄像机中的滤光镜。一个图像在不同的独立通道的状态，如图 7.1.1 所示。

| 原图 | Blue | Red | Green |

| Cyan | Magenta | Yellow | Black |

图 7.1.1

7.1.2　了解通道面板

在 Photoshop 中，对通道进行的编辑操作都是通过"通道"调板来完成的。选择"图像">"通道"菜单，可以打开/关闭"通道"调板。

（1）通道名称、通道缩览、眼睛图标：其与"图层"调板中相应元素的意义完全相同。与"图层"调板不同的是，每个通道都有一个对应的快捷键（如图 7.1.2 所示），用户可通过按相应快捷键来选择通道，而不必打开"通道"调板来选择。

（2）单击"将通道作为选区载入"按钮可以将通道中的图像内容转换为选区。

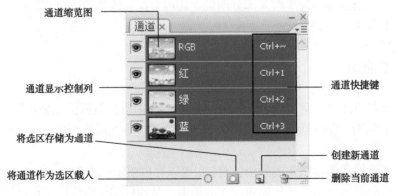

图 7.1.2

（3）单击"将选区存储为通道"按钮可以将当前图像中的选区存储为蒙版并保存到一个新增的 Alpha 通道中。

（4）单击"创建新通道"按钮可以创建新通道，用户最多可创建 24 个通道。

（5）单击"删除当前通道"按钮可以删除当前所选通道，但不能删除 RGB 复合通道。

7.1.3　通道的分类

通道有两种，即颜色通道和 Alpha 通道，颜色通道用来存放图像的颜色信息，Alpha 通道用来存放和计算图像的选区。

1．颜色信息通道

颜色通道是在打开新图像时自动创建的，主要用于存储图像的颜色。在 Photoshop 中，不同颜色模式的图像其颜色通道的数目也不相同。例如，RGB 模式的图像是由红（R）、绿（G）、蓝（B）3 个颜色通道组成，分别用于保存图像中的红色、绿色和蓝色的颜色信息，而 CMYK 模式的图像则是由青色（C）、洋红（M）、黄色（Y）和黑色（K）4 个颜色通道组成。

2．Alpha 通道

Alpha 通道主要用于保存图像选区的蒙版（蒙版用于处理或保护图像的某些部分），而不保存图像的颜色。在"通道"调板中，新创建的通道称其为 Alpha 通道。

3．专色通道

专色通道就是指定用于专色油墨印刷的附加印版。一个图像最多可有 56 个通道。通道所需的文件大小由通道中的像素信息决定。某些文件格式（包括 TIFF 和 Photoshop 格式）将压缩通道信息从而节约空间。当在弹出菜单中选取"文档大小"时，未压缩文件（包括 Alpha 通道和图层）的大小将显示在窗口底部状态栏的最右边。

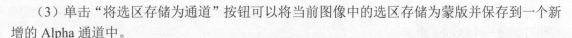 提　示

只要以支持图像颜色模式的格式存储文件，即会保留颜色通道。只有当以 Photoshop、PDF、PICT、Pixar、TIFF 或 Raw 格式存储文件时，才会保留 Alpha 通道。DCS 2.0 格式只保留专色通道。以其他格式存储文件可能会导致通道信息丢失。

7.1.4　通道的基本操作

1．创建新通道

要创建新通道，首先要打开一幅图像，然后执行如下任一操作。

（1）单击"通道"调板底部的"创建新通道"按钮即可创建一个 Alpha 通道，新建的 Alpha 通道在图像中显示为黑色。

（2）单击"通道"调板右上角的按钮，在弹出的调板控制菜单中选择"新建通道"命令，

此时可打开"新建通道"对话框，在其中设置通道名称、通道颜色和不透明度等。单击"确定"按钮可新建一个 Alpha 通道。

2. 分离与合并通道

1）分离通道

利用"分离通道"命令可以在不保留通道文件格式而只保留单个通道信息的情况下，将一个图像文件中的各颜色通道以独立的文件形式保存，如图 7.1.3 和图 7.1.4 所示。

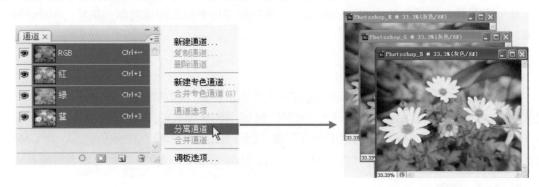

图 7.1.3   图 7.1.4

2）合并通道

利用"合并通道"命令可以将分离后的单个灰度图像文件（用户可以单独编辑分离后的通道文件）重新合并为一个图像的通道，从而获得一个新图像，如图 7.1.5～图 7.1.9 所示。

图 7.1.5   图 7.1.6   图 7.1.7

图 7.1.8   图 7.1.9

3．创建专色通道

专色通道可以使用一种特殊的混合油墨替代或补充印刷（CMYK）油墨，每一个专色通道都有相应的印版。在打印输出一个含有专色通道的图像时，必须先将图像模式转换到多通道模式下。专色通道常用于印刷中的烫金、烫银等，如图 7.1.10～图 7.1.12 所示。

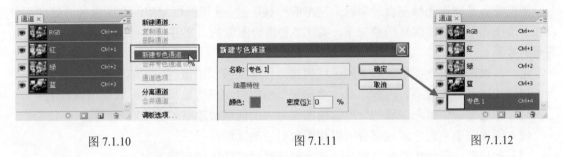

图 7.1.10   图 7.1.11   图 7.1.12

7.2 蒙版

蒙版是 Photoshop 图像处理中非常强大的功能，在蒙版的作用下，Photoshop 中的各项调整功能才真正发挥到极致。蒙版是熟练掌握、灵活运用 Photoshop 的必备工具。

1．蒙版的概念

蒙版可将不同的灰度色值转化为不同的透明度并作用到它所在的图层，使图层不同部位的透明度产生相应的变化。黑色为完全透明，白色为完全不透明。

蒙版色形式有图层蒙版、矢量蒙版和剪贴蒙版 3 种。

2．蒙版的特点

（1）只对当前层起作用，不影响其他层。

（2）默认为半透明红色，用户可以更改为其他颜色。

（3）蒙版的透明程度决定当前图层的图像可见度。

（4）蒙版制作比较复杂的选区以 Alpha 通道的形式进行存储，Alpha 通道与选区可以互相存转。

（5）在选择范围内可以任意编辑。

3．蒙版的功能

在使用 Photoshop 等软件进行图形处理时，常常需要保护一部分图像以使它们不受各种处理操作的影响，蒙版就是这样的一种工具。它是一种灰度图像，其作用就像一张布，可以遮盖住处理区域中的一部分，当对处理区域内的整个图像进行模糊、上色等操作时，被蒙版遮盖起来的部分就不会发生改变。

7.2.1 图层蒙版

1．图层蒙版的原理

图层蒙版是制作图像混合效果时最常用的一种手段。使用图层蒙版混合图像的好处在于可以在不改变图层中图像像素的情况下，实现多种混合图像的方案并可进行反复更改，最终得到需要的效果。

用户可以通过改变图层蒙版不同区域的黑白程度来控制图像对应区域的显示或隐藏状态，为图层增加许多特殊效果。因此，对比"图层"面板与图层所显示的实际效果可以看出：

（1）图层蒙版中黑色区域部分可以使图像对应的区域被隐藏，显示底层图像。

（2）图层蒙版中白色区域部分可以使图像对应的区域显示。

（3）如果图层蒙版中有灰色部分，则会使图像对应的区域半隐半显。

2．图层蒙版的创建

创建图层蒙版的常用方法如下。

（1）通过图层面板创建图层蒙版：先激活目标图层，然后在图像中建立选区，接着单击图层面板下方的"蒙版" 按钮即可创建一个新蒙版。其中只有选区的部分是可见的，而非选区则被蒙版覆盖，如图 7.2.1 所示。

创建选区　　　　　　　　　　　　　　　　　添加蒙版后效果

图 7.2.1

（2）通过菜单创建图层蒙版：先执行"图层">"创建图层蒙版"命令，再执行"图层">"图层蒙版">"显示全部"（隐藏全部）命令，就会在当前的图层上创建一个全白（全黑）的图层蒙版，也就是原图像中的图像均是可见的与可编辑的（不可见与不可编辑的），如图 7.2.2 所示。

3．图层蒙版的应用

（1）增加或缩小蒙版显示区：先在蒙版缩略图上单击，选中图层蒙版，保持工具箱中的前景色和背景色为黑白色，用画笔工具选择白色在蒙版上的黑色区域涂绘，将扩大蒙版显示区；当用黑色在蒙版的白色区域涂绘时，将缩小蒙版的显示区。

显示全部　　　　　　　　　　　　　　　　隐藏全部

图 7.2.2　图层蒙版的全部显示和隐藏

（2）蒙版弹出菜单的使用：在图层面板中的蒙版缩略图中单击右键，会弹出如图 7.2.3 所示的菜单。其中的各项命令介绍如下。

① 添加图层蒙版到选区：将显示区转化为选区并添加到当前选区中。

② 从选区中减去图层蒙版：从当前选区中减去含蒙版显示区的部分。

③ 使图层蒙版与选区交叉：使当前选区与蒙版显示区相交的部分显示。

④ 图层蒙版选项：选择此命令，弹出"图层蒙版显示选项"对话框，如图 7.2.4 所示。在对话框中可以设置蒙版中不透明区域的透明颜色和不透明度。如在按住<Shift+Alt>组合键的同时单击蒙版缩略图来显示蒙版时会看到这种变化。

⑤ 删除图层蒙版：删除蒙版。

⑥ 应用图层蒙版：删除蒙版同时应用了蒙版的显示效果，并且原图层又成为一个普通的图层。

⑦ 停用图层蒙版：暂时停止使用图层蒙版，再次选择为"启用图层蒙版"。

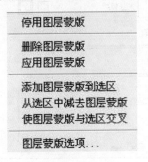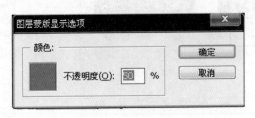

图 7.2.3　　　　　　　　　　图 7.2.4

（3）删除图层蒙版：删除图层蒙版最直接的方法就是将图层蒙版缩略图拖到面板上的垃圾箱中，此时出对话框中有三个选项，如图 7.2.5 所示。

① 应用：删除蒙版的同时应用蒙版效果。

② 取消：忽略这项操作。

③ 不应用：删除蒙版，没有任何效果。

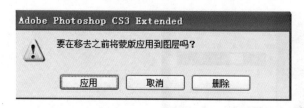

图 7.2.5

7.2.2 矢量蒙版

1. 认识矢量蒙版

矢量蒙版是另一种用来控制显示或者隐藏图层中图像的方法，使用矢量蒙版可以创建具有锐利边缘的蒙版效果。

由于图层蒙版具有位图特征，因此其清晰与细腻程度与图像分辨率有关；而矢量蒙版具有矢量特征，因为具有无限缩放等优点。

2. 添加矢量蒙版

与添加图层蒙版一样，添加矢量蒙版同样能够得到两种不同的显示效果，即添加后完全显示图像和添加后完全隐藏图像。

在"图层"面板中选择要添加矢量蒙版的图层，执行"图层"＞"矢量蒙版"＞"显示全部"命令，或者在"蒙版"面板中单击"添加矢量蒙版"按钮，可以得到显示全部图像的矢量蒙版，此时的"图层"面板和"蒙版"面板如图 7.2.6 和图 7.2.7 所示。

图 7.2.6

图 7.2.7

如果执行"图层"＞"矢量蒙版"＞"隐藏全部"命令，或者在"蒙版"面板中按住<Alt>键的同时单击"添加矢量蒙版"按钮，可以得到隐藏全部图像的矢量蒙版，此时的"图层"面板和"蒙版"面板如图 7.2.8 和图 7.2.9 所示。

 提 示

　　观察图层矢量蒙版可以看出，隐藏图像的矢量蒙版表现为灰色而非黑色。

图 7.2.8

图 7.2.9

3．编辑矢量蒙版

由于在矢量蒙版中所绘制的图形实际上是一条或若干条路径，可以根据需要使用"路径选择工具" 、"添加锚点工具" 等编辑矢量蒙版中的路径。

4．删除矢量蒙版

要删除矢量蒙版，可以执行下列操作之一。

（1）选择要删除的矢量蒙版，单击"蒙版"面板中的"删除蒙版"按钮 。

（2）选择要删除的矢量蒙版，直接按<Delete>键也可以将其删除。

5．将矢量蒙版转换为图层蒙版

由于矢量蒙版具有矢量特性，因此在矢量蒙版中大部分用于处理位图的命令与工具都无法使用，如"渐变""滤镜"等都无法处理矢量蒙版。要使用这些基于位图的命令与工具，须将矢量蒙版转换为图层蒙版。

要将矢量蒙版转换为图层蒙版，可以执行下列操作之一。

（1）执行"图层"＞"栅格化"＞"矢量蒙版"命令。

（2）在矢量蒙版的缩览图上单击右键，在弹出的快捷菜单中选择"栅格化矢量蒙版"命令。

7.2.3　剪贴蒙版

剪贴蒙版用于创建以一个图层控制另一个图层显示形状及透明度的效果，它是一组图层的总称。起控制作用的图层称为基层，它位于一个剪贴蒙版的底部；起填充作用的图层则称为内容层。

 提 示

用于创建剪贴蒙版的图层必须相邻。

1．创建剪贴蒙版

创建剪贴蒙版的方法非常简单，只需要确定基层与内容基层，将内容层置于基层的上方，然后执行下列操作之一。

（1）在图层面板中选择要创建为剪贴蒙版的两个图层中位于上方的图层，在菜单栏中执行"图层">"创建剪贴蒙版"命令。

（2）按住<Alt>键将鼠标指针放在图层面板中分隔两个图层的实线上，当光标变为 状态时，单击鼠标左键即可。

（3）选择处于上方的图层，按<Ctrl+Alt+G>组合键。

2. 释放剪贴蒙版

如果要释放剪贴蒙版，可以执行下列操作之一。

（1）在"图层"面板中选择要取消剪贴蒙版的内容层，在菜单栏中执行"图层">"释放剪贴蒙版"命令。

（2）按住<Alt>键将鼠标指针放在图层面板中分隔两个图层的实线上，当光标变为 状态时，单击鼠标左键即可。

（3）选择处于上方的图层，按<Ctrl+Alt+G>组合键。

7.3 通道蒙版操作典型案例

7.3.1 使用通道技术制作金属文字效果

（1）新建一个 400 像素×400 像素、RGB 模式的文件，背景为白色。

（2）用文字工具输入"金属"，灰色（#898989），大小为 150 px，如图 7.3.1 所示。

（3）栅格化文字图层，将文字载入选区并进行存储，名称为 1。

（4）打开通道面板，选择名称为 1 的通道图层。

（5）对其进行高斯模糊（半径为 4～4.5），如图 7.3.2 所示，利用曲线（<Ctrl+M>）来加强黑白分明，数值设置如图 7.3.3 所示，效果如图 7.3.4 所示。

图 7.3.1   图 7.3.2

（6）回到 RGB 通道中选择文字图层，对其执行滤镜菜单中的"渲染">"光照效果"命令，数值设置如图 7.3.5 所示。

（7）再一次利用曲线（<Ctrl+M>）来增强金属质感，如图 7.3.6 所示。

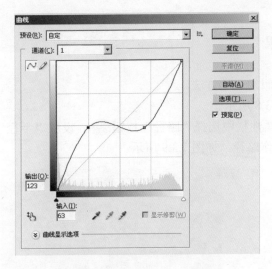

图 7.3.3

图 7.3.4

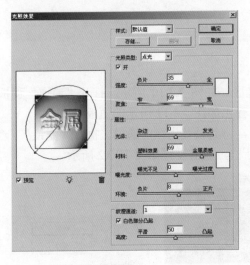

图 7.3.5

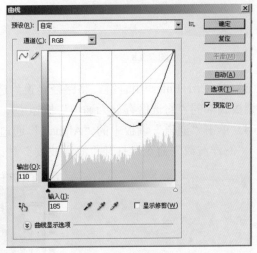

图 7.3.6

（8）最后执行"图像"＞"调整"＞"变化"命令，对其进行着色，得到最终效果如图 7.3.7 所示。

图 7.3.7

7.3.2　利用通道技术打造图片撕边效果

下面通过制作撕边效果来练习创建与编辑通道的方法。

（1）打开素材 02.psd 图像文件，如图 7.3.8 所示。

（2）选择圆角矩形工具 ▭ ，在其工具属性栏中选择"路径"按钮 ▨ ，设置"半径"为 10px，然后利用该工具在图像窗口中绘制工作路径，如图 7.3.9 所示。

图 7.3.8　　　　　　　　　　　　　　　　　　图 7.3.9

（3）按<Ctrl+Enter>组合键，将路径转换为选区，如图 7.3.10 所示。打开"通道"调板，单击调板底部的"将选区存储为通道"按钮 ▣ ，弹出如图 7.3.11 所示的面板。

（4）单击"通道"调板中的"Alpha 1"通道，将其设置为当前通道。执行"滤镜" > "扭曲" > "海洋波纹"命令，打开"海洋波纹"对话框，数值设置如图 7.3.12 所示。

图 7.3.10　　　　　　　　　　图 7.3.11　　　　　　　　　　图 7.3.12

（5）在按住<Ctrl>键的同时单击"Alpha 1"通道，生成该通道内容的选区，然后单击"RGB"通道，反回原图像。按<Ctrl+J>组合键，将选区内图像生成"图层 1"。

（6）在"图层"调板中将"背景"图层转换为"图层 0"，并设置其"填充"不透明度为 60%。新建一个图层并填充白色，然后将新图层转换为"背景"图层，如图 7.3.13 所示。

（7）为"图层 1"添加投影效果，参数设置保持默认，效果如图 7.3.14 所示。

图 7.3.13　　　　　　　　　　　　　　　　　图 7.3.14

7.3.3　利用通道抠选技术处理燃烧的火焰

本例通过燃烧的火焰的抠选过程来讲解通道抠选技术。由于火焰的主色调是红色，所以在制作时主要用"通道"面板中的"红"通道，通过对其进行色阶调整，然后将图像抠选出来。

（1）打开素材文件，如图 7.3.15 所示。新建一个图层，得到"图层 1"。用白色填充"图层 1"并将其隐藏，选择"背景"图层。

（2）切换到"通道"面板，复制颜色通道"红"，得到"红副本"，如图 7.3.16 所示。

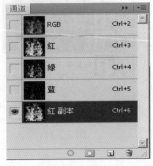

图 7.3.15　　　　　　　　　　　　　　　　　图 7.3.16

（3）按<Ctrl+L>组合键应用"色阶"命令，设置弹出的"色阶"对话框，如图 7.3.17 所示，单击"确定"按钮退出对话框，得到如图 7.3.18 所示的效果。

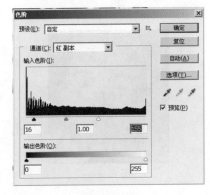

图 7.3.17　　　　　　　　　　　　　　　　　图 7.3.18

（4）按住<Ctrl>键单击"红副本"的通道缩览图以载入其选区，切换到"图像"面板，选择"背景"图层，按<Ctrl+C>组合键复制选区中图像。

（5）选择并显示"图层 1"。新建一图层，得到"图层 2"，按<Ctrl+V>组合键粘贴图像，得到如图 7.3.19 所示的效果。最终"图层"面板如图 7.3.20 所示，"通道"面板如图 7.3.21 所示。

（6）打开素材 03"项链.jpg"，将所抠选出来的火焰拖入素材中，调整好大小。至此整个图像便制作完成，效果如图 7.3.22 所示。

图 7.3.19

图 7.3.20

图 7.3.21

图 7.3.22

7.3.4　蒙版应用实例一：狮身人面像的合成

利用蒙版技术来制作狮身人面像。

（1）打开所需素材"lion.jpg"和"face.jpg"，如图 7.3.23 所示。

图 lion

图 face

图 7.3.23

（2）将 face 图像拖入 lion 图像中，得到新的图层，如图 7.3.24 所示。对图像变换旋转，所得到的效果如图 7.3.25 所示。

图 7.3.24　　　　　　　　　　　　　　　　　　　图 7.3.25

（3）对头像图像创建图层蒙版，将前景色设置为黑色，使用画笔工具对图层蒙版进行涂抹，只显露出人物脸部，蒙版设置如图 7.3.26 所示，最终"图层"面板如图 7.3.27 所示。

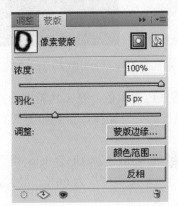 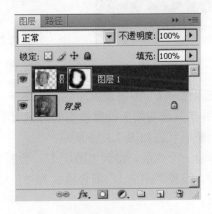

图 7.3.26　　　　　　　　　　　　　　　　　　　图 7.3.27

（4）至此，狮身人面像已经合成完成，将图像整体的色彩调整好，最终效果如图 7.3.28 所示。

图 7.3.28

7.3.5　蒙版应用实例二：天空之城

本例主要利用图像的蒙版处理功能将几幅图像合成在一起。在制作过程中，需要特别注意调整各个元素的颜色，使它们能够合适地搭配在一起。

（1）打开素材 7.3.5-素材 1，如图 7.3.29 所示。单击"创建新的填充或调整图层"按钮，在弹出的菜单中选择"色阶"命令，得到图层"色阶 1"。在弹出的"调整"面板中设置参数，如图 7.3.30 所示，得到如图 7.3.31 所示的效果。

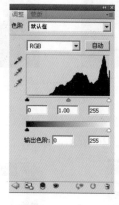

| 图 7.3.29 | 图 7.3.30 | 图 7.3.31 |

（2）在"色阶 1"图层蒙版激活的状态下，设置前景色为黑色，在工具箱中选择"画笔工具"，并在其选项条上设置适当的画笔大小，在图像的上方涂抹，得到如图 7.3.32 所示的效果，图层蒙版状态如图 7.3.33 所示。

（3）新建一个图层，得到"图层 1"。设置前景色为 008a3a，按<Alt+Delete>组合键用前景色填充图层。设置"图层 1"混合模式为"色相"，设置"不透明度"为 66%，得到如图 7.3.34 所示的效果。

| 图 7.3.32 | 图 7.3.33 | 图 7.3.34 |

（4）新建一个图层，得到"图层 2"。设置前景色为 25897a，按<Alt+Delete>组合键用前景色填充图层。

（5）单击"添加图层蒙版"按钮 ，为"图层 2"添加图层蒙版。按 D 键将前景色和背景色恢复为默认的黑色和白色。在工具箱中选择"线性渐变工具"，并在其选项条上选择渐变类型为"前景色到背景色渐变"，在当前图像中从上至下绘制渐变。

（6）打开素材 7.3.5-素材 2.psd，按住<Shift>键使用"移动工具"将其拖至步骤（5）制作的文件中，得到的效果如图 7.3.35 所示，同时得到"图层 3"。

（7）单击"添加图层样式"按钮，在弹出的菜单中选择"外发光"命令，弹出"图层样式"对话框，参数设置如图 7.3.36 所示。在"图层样式"对话框中选择"内发光"命令，弹出"内发光"对话框，参数设置如图 7.3.37 所示，最后得到如图 7.3.38 所示的效果。

（8）打开素材 7.3.5-素材 3.psd，按住<Shift>键使用"移动工具"将其拖至步骤（7）制作的文件中，得到的效果如图 7.3.39 所示，同时得到"图层 4"。

图 7.3.35

（9）双击"图层 4"的缩览图，弹出"图层样式"对话框，按住<Alt>键向右拖曳"混合颜色带"区域"本图层"中的黑色滑块到如图 7.3.40 所示的位置。

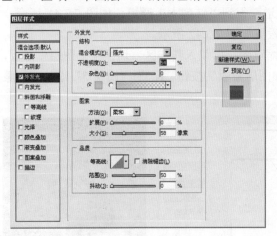

图 7.3.36

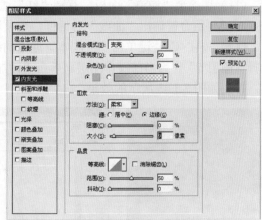

图 7.3.37

（a）　　　　（b）

图 7.3.38

图 7.3.39

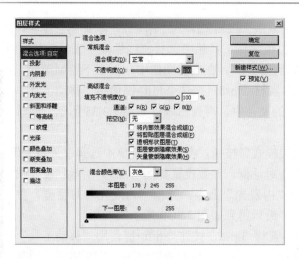

图 7.3.40

（10）打开素材 7.3.5-素材 4.psd，按住<Shift>键使用"移动工具"将其拖至步骤（9）制作的文件中并与当前画布吻合，同时得到"图层 5"。

（11）切换至"通道"面板，复制"红"通道，得到"红副本"通道，如图 7.3.41 所示。按<Ctrl+M>组合键调出"曲线"对话框，选项设置如图 7.3.42 所示。

（12）按住<Ctrl>键单击"红副本"通道的缩览图，以载入其选区。切换至"图层"面板，选择"图层 5"作为当前操作图层。单击"添加图层蒙版"按钮，为"图层 5"添加图层蒙版，得到如图 7.3.43 所示的效果。

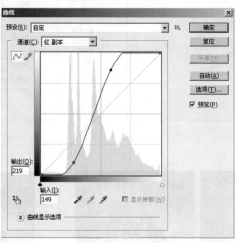

图 7.3.41   图 7.3.42   图 7.3.43

（13）双击"图层 5"的缩览图，弹出"图层样式"对话框，按住<Alt>键向右拖曳"混合颜色带"区域"本图层"中的黑色滑块到如图 7.3.44 所示的位置，得到如图 7.3.45 所示的效果。

（14）在"图层 5"图层蒙版激活的状态下，设置前景色为黑色，选择"画笔工具"，并在其选项条上设置适当的画笔大小，在蒙版中涂抹，将多余的云彩隐藏，得到如图 7.3.46 所示的效果。

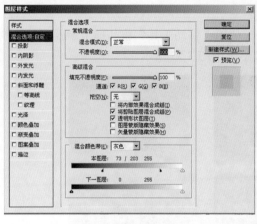

图 7.3.44   图 7.3.45   图 7.3.46

（15）复制"图层 1"，得到"图层 1 副本"图层并将其向上拖至"图层 5"的上面，按
<Ctrl+Alt+G>组合键创建剪贴蒙版，得到如图 7.3.47 所示的效果。

（16）按住<Alt>键将"图层 5"拖至"图层 1 副本"图层的上方，得到"图层 5 副本"。
按<Ctrl+T>组合键调出自由变换控制框，拖曳控制框的控制句柄将图像缩小并压扁后，移动
到如图 7.3.48 所示的位置，按<Enter>键确认变换操作。

（17）单击"图层 5 副本"图层的蒙版缩览图以将其选中。设置前景色为黑色，选择"画笔
工具"并在其选项条上设置适当的画笔大小，在多余的云彩处涂抹以将其隐藏，得到如图 7.3.49
所示的效果。

图 7.3.47   图 7.3.48   图 7.3.49

（18）双击"图层 5 副本"的图层缩览图，弹出"图层样式"对话框，拖曳"混合颜色带"
区域中"本图层"的黑色滑块。

（19）按住<Alt>键拖曳"图层 1 副本"图层到"图层 5 副本"图层的上方，得到"图层 1
副本 2"图层。按<Ctrl+Alt+G>组合键创建剪贴蒙版。

（20）打开素材 7.3.5-素材 5.psd，按住<Shift>键使用"移动工具"将其拖至步骤（19）制
作的文件中并与当前画布吻合，同时得到"图层 6"，如图 7.3.50 所示。

（21）在工具箱中选择"多边形套索工具"并在其选项条上设置"羽化"值为 3px，套选

图中的草地图像，如图 7.3.51 所示。

（22）打开素材 7.3.5-素材 6.psd，按住<Shift>键使用"移动工具"将其拖至步骤（21）制作的文件中并与当前画布吻合，同时得到"图层 7"，如图 7.3.52 所示。

图 7.3.50   图 7.3.51   图 7.3.52

（23）新建一个图层，得到"图层 8"，并将其拖至"图层 7"的下面。按<Ctrl+Alt+G>组合键创建剪贴蒙版。设置前景色为黑色，在工具箱中选择"画笔工具"并在其选项上设置适当的画笔大小及硬度，在草地的四周涂抹，得到如图 7.3.53 所示的效果。设置"图层 8"的不透明度为 60%。

（24）选择"图层 2"，打开素材 7.3.5-素材 7.psd，按住<Shift>键使用"移动工具"将其拖至步骤（23）制作的文件中，得到"图层 9"，设置其模式为"线性减淡"。添加蒙版，用画笔工具进行涂抹，得到的效果如图 7.3.54 所示。

（25）选择"图层 1 副本 2"图层作为当前的操作图层。在工具箱中选择"椭圆工具"并在其选项条上单击"形状图层"按钮，按住<Shift>键在图像右下角如图 7.3.54 中所示的位置绘制一个正圆，得到"形状 1"图层。

（26）按<Ctrl+Alt+T>组合键调出自由变换并复制控制框，按<Alt+Shift>组合键将图像缩至如图 7.3.55 所示的大小并将两个图形进行相交的组合运算。

图 7.3.53   图 7.3.54   图 7.3.55

（27）设置"形状1"图层的"填充"数值为0%。单击"添加图层样式"按钮，在弹出的菜单中选择"渐变叠加"命令，如图7.3.56所示，设置弹出的"图层样式"对话框，得到如图7.3.57所示的效果。

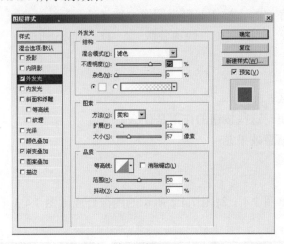

图 7.3.56　　　　　　　　　　　　　　　图 7.3.57

（28）单击"添加图层蒙版"按钮，为"形状1"图层添加图层蒙版。在工具箱中选择"线性渐变工具"，在图像中单击鼠标右键，在弹出的快捷菜单中选择渐变为"前景色到背景色"渐变，从图像的下方向上方绘制渐变，得到的最终效果如图7.3.58所示，"图层"面板如图7.3.59及图7.3.60所示。

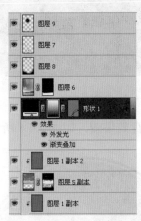

图 7.3.58　　　　　　　　图 7.3.59　　　　　　　　图 7.3.60

课后作业

一、选择题

（1）在 Photoshop 中，主要包括（　　）、（　　）和（　　）3 种通道。

A．颜色通道　　　　B．Alpha 通道　　　　C．专色通道　　　　D．RGB 颜色通道

（2）RGB 图像的通道由（　　　）、（　　　）和（　　　）3 个通道组成，CMYK 模式图像的通道由（　　　）、洋红、黄色和黑色 4 个通道组成。

A．红　　　　　　　　B．绿　　　　　　　　C．蓝　　　　D．青色

（3）在图层面板中，单击图层面板底部的◎按钮即可为图像添加（　　　）。

A．图层蒙版　　　　　B．通道蒙版　　　　　C．快速蒙版　　　D．Alpha 通道

二、问答题

（1）什么是通道？通道的作用是什么？

（2）"通道"面板底部包含哪些按钮？这些按钮的作用是什么？

（3）怎样使用图层蒙版为图像添加渐隐效果？

三、上机题

（1）参照本章实例的讲解的方法，将图 7.4.1 与图 7.4.2 所示的图像合成如图 7.4.3 所示的结果。

图 7.4.1　　　　　　　　　　　　图 7.4.2　　　　　　　　　　　　图 7.4.3

（2）使用剪贴蒙版的方法制作光盘效果图，如图 7.4.4 所示。

图 7.4.4

第8章

滤镜的使用

Photoshop 提供了多达上百种的滤镜，每一种滤镜都代表了一种完全不同的图像效果，可以说这些滤镜就像一个庞大的图像特效库。

本章主要内容：

Photoshop 自带滤镜，由于滤镜数目较多，故在此仅对部分特色滤镜进行详细讲解。

本章重点：

各类滤镜的功能及产生的效果。

本章难点：

根据各滤镜的特点，掌握在何种场合使用何种滤镜才能使图像效果达到最佳。

8.1　滤镜的概述

8.1.1　关于滤镜

滤镜（Filter）是 Photoshop 的特色之一，具有强大的功能。滤镜产生的复杂的数字化效果源自摄影技术，滤镜不仅可以改善图像的效果并掩盖其缺陷，还可以在原有图像的基础上产生许多特殊的效果。滤镜主要具有以下特点：

（1）滤镜只能应用于当前可视图层且可以反复应用、连续应用，但一次只能应用在一个图层上。

（2）滤镜不能应用于位图模式、索引颜色和 48 bit RGB 模式的图像，某些滤镜只对 RGB 模式的图像起作用，如画笔描边滤镜和 Sketch 滤镜就不能在 CMYK 模式下使用。还有，滤镜只能应用于图层的有色区域，对完全透明的区域没有效果。

（3）有些滤镜完全在内存中处理，所以内存的容量对滤镜的生成速度影响很大。

（4）若滤镜很复杂抑或是要应用滤镜的图像尺寸很大，则执行时需要很长时间，如果想结束正在生成的滤镜效果，只需按<Esc>键即可。

（5）上次使用的滤镜将出现在滤镜菜单的顶部，可以通过执行此命令对图像再次应用上次使用过的滤镜效果。

图 8.1.1

（6）如果在滤镜设置窗口中对自己调节的效果感觉不满意，希望恢复调节前的参数，可以按住<Alt>键，这时取消按钮会变为复位按钮，单击此按钮就可以将参数重置为调节前的状态。

Adobe 提供的滤镜显示在"滤镜"菜单中，Photoshop 共内置了17组滤镜，可以通过滤镜菜单进行访问（如图 8.1.1 所示）。另外第三方开发商提供的某些滤镜可以作为增效工具使用。在安装后，这些增效工具滤镜会出现在"滤镜"菜单的底部。

8.1.2　滤镜的分类

Photoshop 将滤镜分为以下三类。

（1）内置滤镜：此类滤镜是 Photoshop 自带的滤镜，被广泛应用于纹理的制作、图像效果的修整、文字效果的制作、图像的处理等方面。

（2）特殊滤镜：此类滤镜包括"抽出"和"消失点"两种。由于此类滤镜的使用方法有别于内置滤镜且每个滤镜都有自己的专一用途，因此被称为特殊滤镜。

（3）外挂滤镜：此类滤镜与前两类滤镜的不同之处在于，此类滤镜需要用户单独购买。使用这些滤镜可以得到使用其他滤镜无法得到的诸如天空、土地、镜射、火焰、水滴、烟雾等效果，因此其使用也较为广泛。

8.2　滤镜库

利用 Photoshop 提供的滤镜库可以预览常用的滤镜效果，可以同时对一幅图像应用多个滤镜、打开/关闭滤镜效果、复位滤镜的选项以及更改应用滤镜的顺序等。

要使用滤镜库，可选择"滤镜">"滤镜库"菜单，打开如图 8.2.1 所示的滤镜库对话框，其中部分选项的意义如下所述。

图 8.2.1

（1）滤镜库对话框中放置了一些常用滤镜并将它们分别放置在不同的滤镜组中。例如，要使用"纹理化"滤镜，可首先单击"纹理"滤镜组名，展开滤镜文件夹，然后单击"纹理化"滤镜。选中某个滤镜后，系统会自动在右侧设置区显示该滤镜的相关参数，用户可根据情况进行调整。

（2）若要一次应用多个滤镜，可在对话框右下角设置区中单击"新建效果图层"按钮增加滤镜层。此外用户也可以通过调整滤镜层的顺序来改变图像效果。

（3）单击滤镜层左侧的眼睛图标可以暂时隐藏该滤镜效果。选中某个滤镜层，单击"删除效果图层"按钮可以删除该滤镜效果。

8.3　"液化"滤镜

利用"液化"滤镜可以逼真地模拟液体流动的效果，可以制作出弯曲、旋涡、扩展、收缩、移位以及反射等效果。

在菜单栏中执行"滤镜" > "液化"命令，会弹出如图 8.3.1 所示的对话框。

图 8.3.1

（1）向前变形工具 ：选中该工具后，可通过拖曳光标拖曳像素。

（2）重建工具 ：扭曲预览图像之后，使用此工具可以完全或者部分恢复更改。

（3）顺时针旋转扭曲工具 ：使用此工具可以使图像产生顺时针旋转的效果。

（4）褶皱工具 ：使用此工具可以使图像向操作中心点处收缩，从而产生挤压效果。

（5）膨胀工具 ：使用此工具可以使图像背离操作中心点，从而产生膨胀效果。

（6）左推工具 ：使用此工具可以移动与描边方向垂直的像素。

（7）镜像工具 ：使用此工具可以将像素复制至画笔区域，然后向与拖曳方向相反的方向复制像素。

（8）湍流工具 ：使用此工具可以平滑地拼凑像素，适合于创建火焰、云彩、波浪等效果。

（9）冻结蒙版工具 ：使用此工具拖曳，经过的范围将受保护，以免被进一步编辑。

（10）解冻蒙版工具 ：解除使用"冻结蒙版工具"所冻结的区域，使其还原为可编辑状态。

（11）"工具选项"设置区：在此区域中可设置各工具的参数，如"画笔大小""画笔密度""画笔压力"等。

（12）"重建选项"设置区：在该区域中可选择重置方式，点击"恢复全部"按钮，可将前面的变形全部恢复。

（13）"蒙版选项"设置区：用于取消、反向被冻结区域或者冻结整幅图像。

（14）"视图选项"设置区：在该区域中可对视图显示进行控制。

8.4 "消失点"滤镜

"消失点"滤镜允许用户在包含透视效果的平面图像中的指定区域执行诸如绘画、仿制、复制、粘贴以及变换等编辑操作，并且所有操作都能使图像保持原来的透视效果。

下面介绍"消失点"对话框中工具按钮的功能。

（1）编辑平面工具 ：使用该工具可以选择和移动透视网格。

（2）创建平面工具 ：使用该工具可以绘制透视网格来确定图像的透视角度。

（3）选框工具 ：使用该工具可以在透视网格内绘制选区，以选中要复制的图像，并且所绘制的选区与透视网格的透视角度是相同的。

（4）图章工具 ：使用该工具按住<Alt>键可以在透视网格内定义一个源图像，然后在需要的地方进行涂抹即可。

（5）画笔工具 ：使用该工具可以在透视网格内进行绘图。

（6）变换工具 ：由于复制图像时图像的大小是自动变化的，当对图像大小不满意时可使用此工具对图像进行放大或缩小操作。

（7）吸管工具 ：使用该工具在图像中单击，可以吸取画笔绘图时所用的颜色。

（8）缩放工具 ：使用该工具在图像中单击，可以放大图像的显示比例；按住<Alt>键在图像中单击可缩小图像显示比例。

（9）抓手工具 ：使用该工具在图像中拖曳，可以查看未完全显示出来的图像。

8.5 智能滤镜的使用

在 Photoshop CS 3 中，应用于智能对象的任何滤镜（除"液化""抽出""消失点"和"图案生成器"滤镜外）都是智能滤镜。智能滤镜对于图像本身属于非破坏性操作，也就是用户可以像编辑图层样式那样编辑智能滤镜，可以随时修改滤镜参数和删除滤镜效果，而原图像不受影响，如图 8.5.1 所示。

图 8.5.1

8.6　系统内置滤镜介绍

1. 第一组：像素化

像素化滤镜将图像分成一定的区域并将这些区域转变为相应的色块，再由色块构成图像，类似于色彩构成的效果。

1）彩块化滤镜

作用：使用纯色或相近颜色的像素结块来重新绘制图像，类似手绘的效果。

2）彩色半调滤镜

作用：模拟在图像的每个通道上使用半调网屏的效果，将一个通道分解为若干个矩形，然后用圆形替换矩形，圆形的大小与矩形的亮度成正比。

3）晶格化滤镜

作用：使用多边形纯色结块重新绘制图像。

4）点状化滤镜

作用：将图像分解为随机分布的网点，模拟点状绘画的效果，使用背景色填充网点之间的空白区域。

5）碎片滤镜

作用：将图像创建为四个相互偏移的副本，产生类似重影的效果。

6）铜版雕刻滤镜

作用：使用黑白或颜色完全饱和的网点图案重新绘制图像。

7）马赛克滤镜

作用：众所周知的马赛克效果，将像素结为方形块。

2. 第二组：扭曲

扭曲滤镜通过对图像应用扭曲变形实现各种效果。

1）切变滤镜

作用：可以控制指定的点来弯曲图像。

2）扩散亮光滤镜

作用：向图像中添加透明的背景色颗粒，在图像的亮区向外进行扩散添加，产生一种类似发光的效果。此滤镜不能应用于 CMYK 和 Lab 模式的图像。

3）挤压滤镜

作用：使图像的中心产生凸起或凹下效果。

4）旋转扭曲滤镜

作用：使图像产生旋转扭曲的效果。

5）极坐标滤镜

作用：可将图像的坐标从平面坐标转换为极坐标或从极坐标转换为平面坐标。

6）水波滤镜

作用：使图像产生同心圆状的波纹效果。

7）波浪滤镜

作用：使图像产生波浪扭曲效果。

8）波纹滤镜

作用：可以使图像产生类似水波纹的效果。

9）海洋波纹滤镜

作用：使图像产生普通的海洋波纹效果，此滤镜不能应用于 CMYK 和 Lab 模式的图像。

10）玻璃滤镜

作用：使图像看上去如同隔着玻璃观看一样，此滤镜不能应用于 CMYK 和 Lab 模式的图像。

11）球面化滤镜

作用：可以使选区中心的图像产生凸出或凹陷的球体效果，类似挤压滤镜的效果。

12）置换滤镜

作用：可以产生弯曲、碎裂的图像效果。置换滤镜比较特殊的地方是其设置完毕后，还需要选择一个图像文件作为位移图，滤镜根据位移图上的颜色值来移动图像像素。

13）镜头校正滤镜

作用："镜头校正"滤镜可修复常见的镜头缺陷，如桶形和枕形失真、晕影以及色差。桶形失真是一种镜头缺陷，它会导致直线向外弯曲到图像的外缘。枕形失真的效果相反，直线会向内弯曲。

3. 第三组：杂色

1）中间值滤镜

作用：通过混合像素的亮度来减少杂色。

2）去斑滤镜

作用：检测图像边缘颜色变化较大的区域，通过模糊除边缘以外的其他部分起到消除杂色的作用，但不损失图像的细节。

3）添加杂色滤镜

作用：将添入的杂色与图像相混合。

4）蒙尘与划痕滤镜

作用：可以捕捉图像或选区中相异的像素并将其融入周围的图像中去。

4. 第四组：模糊

模糊滤镜主要是使选区或图像柔和，淡化图像中不同色彩的边界，以达到掩盖图像的缺陷或创造出特殊效果的作用。

1）动感模糊滤镜

作用：对图像沿着指定的方向（−360°～+360°），以指定的强度（1～999）进行模糊。

2）高斯模糊滤镜

作用：按指定的值快速模糊选中的图像部分，产生一种朦胧的效果。

3）模糊滤镜

作用：产生轻微的模糊效果，可消除图像中的杂色，如果只应用一次效果不明显的话，可重复应用。

4）进一步模糊滤镜

作用：产生的模糊效果为模糊滤镜效果的 3~4 倍，可以与前一张图进行对比。

5）径向模糊滤镜

作用：模拟移动或旋转的相机产生的模糊。

6）特殊模糊滤镜

作用：可以产生多种模糊效果，使图像的层次感减弱。

5. 第五组：渲染

渲染滤镜使图像产生三维映射云彩的效果，折射图像和模拟光线反射，还可以用灰度文件创建纹理进行填充。

1）3D 变换滤镜

作用：将图像映射为立方体、球体和圆柱体，并且可以对其中的图像进行三维旋转。此滤镜不能应用于 CMYK 和 Lab 模式的图像。

2）分层云彩滤镜

作用：使用随机生成的介于前景色与背景色之间的值来生成云彩图案，产生类似负片的效果。此滤镜不能应用于 Lab 模式的图像。

3）光照效果滤镜

作用：使图像呈现光照的效果。此滤镜不能应用于灰度、CMYK 和 Lab 模式的图像。

4）镜头光晕滤镜

作用：模拟亮光照射到相机镜头所产生的光晕效果，通过点击图像缩览图来改变光晕中心的位置。此滤镜不能应用于灰度、CMYK 和 Lab 模式的图像。

5）纹理填充滤镜

作用：用选择的灰度纹理填充选区。

6）云彩滤镜

作用：使用介于前景色和背景色之间的随机值生成柔和的云彩效果，如果按住<Alt>键使用云彩滤镜，将会生成色彩相对分明的云彩效果。

6. 第六组：画笔描边

画笔描边滤镜主要模拟使用不同的画笔和油墨进行描边创造出的绘画效果（注：此类滤镜不能应用在 CMYK 和 Lab 模式下）。

1）成角的线条滤镜

作用：使用成角的线条勾画图像。

2）喷溅滤镜

作用：创建一种类似透过浴室玻璃观看图像的效果。

3）喷色描边滤镜

作用：使用所选图像的主色并用成角的、喷溅的颜色线条来描绘图像，所以得到的效果与喷溅滤镜的效果很相似。

4）强化的边缘滤镜

作用：将图像的色彩边界进行强化处理。设置较高的边缘亮度值，将增大边界的亮度；设置较低的边缘亮度值，将降低边界的亮度。

5）DarkStrokes（深色线条滤镜）

作用：用黑色线条描绘图像的暗区，用白色线条描绘图像的亮区。

6）烟灰墨滤镜

作用：以日本画的风格来描绘图像，类似应用深色线条滤镜之后又模糊的效果。

7）阴影线滤镜

作用：产生类似用铅笔阴影线的笔触对所选的图像进行勾画的效果，与成角的线条滤镜的效果相似。

8）油墨概况滤镜

作用：用纤细的线条勾画图像的色彩边界，类似钢笔画的风格。

7．第七组：素描

素描滤镜用于创建手绘图像的效果，以简化图像的色彩（注：此类滤镜不能应用在 CMYK 和 Lab 模式下）。

1）炭精笔滤镜

作用：可用来模拟炭精笔的纹理效果。在暗区使用前景色，在亮区使用背景色替换。

2）半调图案滤镜

作用：模拟半调网屏的效果且保持连续的色调范围。

3）便条纸滤镜

作用：模拟纸浮雕的效果，类似于颗粒滤镜和浮雕滤镜先后作用于图像所产生的效果。

4）粉笔和炭笔滤镜

作用：创建类似炭笔素描的效果。用粉笔绘制图像背景，用炭笔线条勾画暗区。粉笔绘制区应用背景色；炭笔绘制区应用前景色。

5）铬黄滤镜

作用：将图像处理成银质的铬黄表面效果。亮部为高反射点；暗部为低反射点。

6）绘图笔滤镜

作用：使用线状油墨来勾画原图像的细节。油墨应用前景色；纸张应用背景色。

7）基底凸现滤镜

作用：变换图像使之呈浮雕和突出光照共同作用下的效果。图像的暗区使用前景色替换；浅色部分使用背景色替换。

8）水彩画纸滤镜

作用：产生类似在纤维纸上涂抹的效果并使颜色相互混合。

9）撕边滤镜

作用：重建图像，使之呈现撕破的纸片状，并用前景色和背景色对图像着色。

10）塑料效果滤镜

作用：模拟塑料浮雕效果并使用前景色和背景色为结果图像着色。暗区凸起，亮区凹陷。

11）炭笔滤镜

作用：产生色调分离的、涂抹的素描效果。边缘使用粗线条绘制，中间色调用对角描边进行勾画。炭笔应用前景色，纸张应用背景色。

12）图章滤镜

作用：简化图像，使之呈现图章盖印的效果，此滤镜用于黑白图像时效果最佳。

13）网状滤镜

作用：使图像的暗调区域结块，而高光区域好像被轻微颗粒化。

14）影印滤镜

作用：模拟影印图像效果，暗区趋向于边缘的描绘，而中间色调为纯白或纯黑色。

8．第八组：纹理

纹理滤镜为图像创造各种纹理材质的感觉（注：此组滤镜不能应用于 CMYK 和 Lab 模式的图像）。

1）龟裂缝滤镜

作用：根据图像的等高线生成精细的纹理，应用此纹理使图像产生浮雕的效果。

2）颗粒滤镜

作用：模拟不同的颗粒（常规、软化、喷洒、结块、强反差、扩大、点刻、水平、垂直和斑点）纹理添加到图像的效果。

3）马赛克拼贴滤镜

作用：使图像看起来像由方形的拼贴块组成，而且图像呈现出浮雕效果。

4）拼缀图滤镜

作用：将图像分解为由若干方形图块组成的效果，图块的颜色由该区域的主色决定。

5）染色玻璃滤镜

作用：将图像重新绘制成彩块玻璃效果，边框由前景色填充。

6）纹理化滤镜

作用：对图像直接应用自己选择的纹理。

9．第九组：艺术效果

艺术效果滤镜模拟天然或传统的艺术效果（注：此组滤镜不能应用于 CMYK 和 Lab 模式的图像）。

1）壁画滤镜

作用：使用小块的颜料来粗糙地绘制图像。

2）彩色铅笔滤镜

作用：使用彩色铅笔在纯色背景上绘制图像。

3）粗糙蜡笔滤镜

作用：模拟用彩色蜡笔在带纹理的图像上的描边效果。

4）底纹效果滤镜

作用：模拟选择的纹理与图像相互融合在一起的效果。

5）调色刀

作用：降低图像的细节并淡化图像，使图像呈现出在湿润的画布上进行绘制的效果。

6）干画笔

作用：使用干画笔绘制图像，形成介于油画和水彩画之间的效果。

7）海报边缘滤镜

作用：使用黑色线条绘制图像的边缘。

8）海绵滤镜

作用：顾名思义，使图像看起来像是用海绵绘制的一样。

9）绘画涂抹滤镜

作用：使用不同类型的效果涂抹图像。

10）胶片颗粒滤镜

作用：模拟图像的胶片颗粒效果。

11）木刻滤镜

作用：将图像描绘成如同用彩色纸片拼贴的一样。

12）霓虹灯光滤镜

作用：模拟霓虹灯光照射图像的效果。图像背景将用前景色填充。

13）水彩滤镜

作用：模拟水彩风格的图像。

14）塑料包装滤镜

作用：将图像的细节部分涂上一层发光的塑料。

15）涂抹棒滤镜

作用：用对角线描边涂抹图像的暗区以柔化图像。

10．第十组：视频

视频滤镜属于 Photoshop 的外部接口程序，用来从摄像机输入图像或将图像输出到录像带上。

1）NTSC 颜色滤镜

作用：将色域限制在电视机重现可接受的范围内，以防止过饱和颜色渗到电视扫描行中。此滤镜对基于视频的因特网系统上的 Web 图像处理很有帮助（注：此组滤镜不能应用于灰度、CMYK 和 Lab 模式的图像）。

2）逐行滤镜

作用：通过去掉视频图像中的奇数或偶数交错行，使在视频上捕捉的运动图像变得平滑，可以选择"复制"或"插值"来替换去掉的行（注：此组滤镜不能应用于 CMYK 模式的图像）。

11．第十一组：风格化

风格化滤镜主要作用于图像的像素，可以强化图像的色彩边界，所以图像的对比度对此类滤镜的影响较大，风格化滤镜最终营造出的是一种印象派的图像效果。

1）查找边缘滤镜

作用：用相对于白色背景的深色线条来勾画图像的边缘，得到图像的大致轮廓。如果先加大图像的对比度，然后再应用此滤镜，可以得到更多、更细致的边缘。

　　2）等高线滤镜

　　作用：类似于查找边缘滤镜的效果，但容许指定过渡区域的色调水平，其主要作用是勾画图像的色阶范围。

　　3）风滤镜

　　作用：在图像中色彩相差较大的边界上增加细小的水平短线来模拟风的效果。

　　4）Emboss（浮雕效果滤镜）

　　作用：生成凸出和浮雕的效果，对比度越大的图像，浮雕的效果越明显。

　　5）扩散滤镜

　　作用：搅动图像的像素，产生类似透过磨砂玻璃观看图像的效果。

　　6）拼贴滤镜

　　作用：将图像按指定的值分裂为若干个正方形的拼贴图块，并按设置的位移百分比的值进行随机偏移。

　　7）曝光过度滤镜

　　作用：使图像产生原图像与原图像的反向进行混合后的效果（注：此滤镜不能应用在 Lab 模式下）。

　　8）凸出滤镜

　　作用：将图像分割为指定的三维立方块或棱锥体（注：此滤镜不能应用在 Lab 模式下）。

　　9）GlowingEdges（照亮边缘滤镜）

　　作用：使图像的边缘产生发光效果（注：此滤镜不能应用在 Lab、CMYK 和灰度模式下）。

12．第十二组：抽出

　　作用：可以将对象与其背景分离，无论对象的边缘多么细微和复杂，使用抽出命令都能够得到满意的效果。其主要步骤为先标记出对象的边缘并对要保留的部分进行填充，可以先进行预览，然后再对抽出的效果进行修饰。

8.7　滤镜操作典型案例

8.7.1　使用"消失点"滤镜去除照片中的多余物

　　下面通过去除照片中的多余物来练习"消失点"滤镜的用法。利用创建平面工具 绘制平面透视网格，然后利用选框工具 绘制选区并复制图像以去除不需要的图像。如图 8.7.1 和图 8.7.2 所示为原图与效果图的对比。

　　（1）打开素材图像文件"8.7.1.jpg"，利用"消失点"滤镜去除照片中的杂物。

　　（2）选择"滤镜"＞"消失点"菜单，打开"消失点"对话框，选择左侧工具箱中的创建平面工具 ，然后将光标移至预览窗口中，沿着地面的木板连续单击鼠标，创建 4 个角点，释放鼠标后，绘制一个平面透视网格，如图 8.7.3 所示。

（3）使用编辑平面工具 ▣ 拖曳平面透视网格的角点，调整网格大小至框选图像中的杂物和小狗，如图 8.7.4 所示。

图 8.7.1　　　　　　　　　　　　　　　　　　图 8.7.2

图 8.7.3　　　　　　　　　　　　　　　　　　图 8.7.4

（4）选择对话框左侧工具箱中的选框工具 ▣ ，在平面网格内单击并拖曳鼠标，绘制一个选区，要注意的是绘制的选区形状与网格的透视效果相同，如图 8.7.5 所示。

（5）在"消失点"对话框上方参数设置区的"修复"下拉列表中选择"明暗度"，然后将光标移至选区内，按住<Alt>键，当光标变成一黑一白形状时，按下鼠标左键并向拖把区域拖曳光标，释放鼠标即可将拖把图像覆盖，如图 8.7.6 所示。

（6）使用与步骤（5）相同的操作方法，将图像中的杂物完全遮盖。如果对调整效果满意，单击"确定"按钮，关闭对话框即可。最终效果如图 8.7.2 所示。

图 8.7.5　　　　　　　　　　　　　　　　　　图 8.7.6

8.7.2　雨效果的制作

本例通过制作下雨的效果来练习"杂色"和"动感模糊"滤镜的使用方法。

（1）打开所需要的素材图像文件，如图 8.7.7 所示。

（2）复制背景图层，执行"编辑">"填充"命令，在弹出的对话框中选择黑色填充。

（3）执行"滤镜">"杂色">"添加杂色"命令，弹出"添加杂色"对话框，参数设置如图 8.7.8 所示，效果如图 8.7.9 所示。

图 8.7.7　　　　　　　　　　图 8.7.8　　　　　　　　　　图 8.7.9

（4）执行"图像">"调整">"阈值"命令，弹出"阈值"对话框，将图像设置为黑底白点的效果，参数设置如图 8.7.10 所示，效果如图 8.7.11 所示。

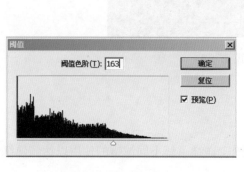

图 8.7.10　　　　　　　　　　　图 8.7.11

（5）执行"滤镜">"模糊">"动感模糊"命令，弹出"动感模糊"对话框，参数设置如图 8.7.12 所示，效果如图 8.7.13 所示。

（6）最后将图层模式设置为"滤色"，至此本例全部制作完成，效果如图 8.7.14 所示。

图 8.7.12   图 8.7.13

图 8.7.14

8.7.3　滤镜文字效果制作

本节通过讲解各种常见的文字效果的制作，详细了解不同滤镜的使用以达到熟练掌握基本滤镜使用方法的目的。

1．火焰文字的制作

本例使用风滤镜、高斯模糊滤镜并通过"液化"命令制作如图 8.7.15 所示效果的火焰文字图案。

（1）新建文件：800 像素×600 像素、RGB 颜色模式，背景颜色为白色。

（2）将背景层填充为黑色：执行"编辑"＞"填充"命令，在弹出的对话框中选择"黑色填充"。

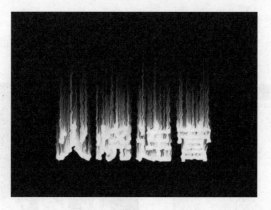

图 8.7.15

（3）使用文字工具，选择白色，输入文字"火烧连营"，如图 8.7.16 所示。

（4）点击文字图层，执行"编辑">"变换">"旋转"命令，将文字旋转 90°，如图 8.7.17 所示。

图 8.7.16

图 8.7.17

（5）选择文字图层，执行"滤镜">"风格化">"风滤镜"命令，相应参数设置如图 8.7.18 所示。

（6）按<Ctrl+F>组合键重复使用风滤镜 3～4 次，效果如图 8.7.19 所示。

图 8.7.18

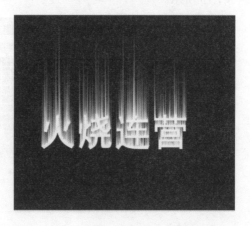

图 8.7.19

（7）将文字旋转回来并将文字图层与背景层合并，执行"图层"＞"向下合并"命令。

（8）执行"滤镜"＞"扭曲"＞"波纹滤镜"命令，参数设置和效果分别如图 8.7.20 和图 8.7.21 所示。

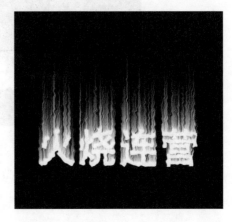

图 8.7.20   图 8.7.21

（9）设置文字颜色：执行"图像"＞"模式"菜单命令，将图形设为灰度模式，如图 8.7.22 所示。然后执行"图像>模式"菜单命令，选择索引颜色模式，如图 8.7.23 所示。

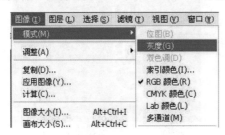
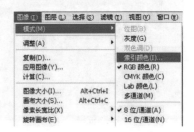

图 8.7.22   图 8.7.23

（10）执行"图像"＞"模式"＞"颜色表"命令，弹出"颜色表"对话框，选择黑体，如图 8.7.24 所示。再执行"图像"＞"模式"＞"RGB"命令，将颜色模式还原为 RGB 模式，得到效果如图 8.7.15 所示。

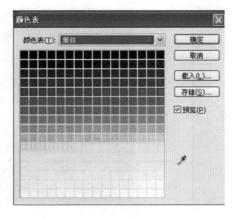

图 8.7.24

2. 晶莹 3D 立体字的制作

本例主要学习动感模糊滤镜、查找边缘滤镜的使用，效果如图 8.7.25 所示。

图 8.7.25

（1）新建一个 400 像素×400 像素、黑底、RGB 模式的文件。

（2）进入通道面板，新建一个 Alpha 通道，如图 8.7.26 所示。

（3）使用文字工具，输入文字"玻璃"，设为黑体、100px，如图 8.7.27 所示。

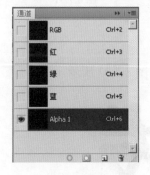

图 8.7.26

图 8.7.27

（4）执行"滤镜"＞"模糊"＞"动感模糊"命令，对文字图层进行动感模糊，效果如图 8.7.28 所示。

（5）执行"滤镜"＞"风格化"＞"查找边缘"命令，效果如图 8.7.29 所示。

图 8.7.28

图 8.7.29

（6）按<Ctrl+I>组合键将图像进行"反向"操作，执行"图像">"调整">"反向"命令，结果如图 8.7.30 所示。

（7）在按<Ctrl>键的同时单击 Alpha1 前面的缩缆图将文字载入选区，并返回 RGB 通道中，效果如图 8.7.31 所示。

（8）最后进行着色，方法是新建一个图层，选择工具面板上的渐变工具，使用线性渐变，颜色为"色谱"渐变色，由左上向右下拉渐变，得到如图 8.7.25 所示的效果。

 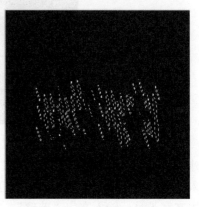

图 8.7.30   图 8.7.31

3. 卷发文字的制作

本例主要学习旋转扭曲滤镜的使用，制作效果如图 8.7.32 所示。

图 8.7.32

（1）新建一个 400 像素×200 像素、白底、RGB 模式的文件。

（2）使用文字蒙版工具，输入文字"卷发"，设为黑体、160px，效果如图 8.7.33 所示。

（3）选择工具面板上的"渐变工具"，使用"线性渐变"，颜色为"色谱"渐变色，由左上向右下拉渐变，即得到如图 8.7.34 所示的效果。

图 8.7.33   图 8.7.34

（4）使用"椭圆选框工具"绘制一个正圆，放在文字的一角，效果如图 8.7.35 所示。

（5）执行"滤镜"＞"扭曲"＞"旋转扭曲"命令，设置角度为 999，得到效果如图 8.7.36 所示。

图 8.7.35　　　　　　　　　　　图 8.7.36

（6）切换到选框工具，将选区移至另一个位置，执行与步骤（5）相同的操作，最终效果如图 8.7.32 所示。

8.7.4　钻石效果制作

本例详细讲解利用 Photoshop 的内置滤镜制作玻璃效果的操作，通过改变参数设置可得到钻石的效果，具体步骤如下。

（1）新建一个 400 像素×200 像素、黑色背景、RGB 模式的文件。

（2）使用文字工具，输入文字"PHOT"，大小为 120 点，字体为"黑体"，颜色为白色，如图 8.7.37 所示。

（3）向下合并图层，使用魔棒工具，选中白色文字，如图 8.7.38 所示。

图 8.7.37　　　　　　　　　　　图 8.7.38

（4）执行"滤镜"＞"扭曲"＞"玻璃"命令，参数设置如图 8.7.39 所示，得到的效果如图 8.7.40 所示。

（5）在画面中所用的星光是特色笔刷，不是系统自带的，故使用时需要加载。加载的方法为：选择画笔工具，然后单击选项栏中 画笔 的倒三角形按钮，在出现的面板中单击 ⊙ 按钮，然后选择载入画笔命令，在弹出的对话框中选择素材中所给的"星光.abr"文件，对特色笔刷进行加载。加载好的笔刷会出现在画笔样式列表中，使用该笔刷在图像中进行最后的修饰，最终效果如图 8.7.41 所示。

图 8.7.39 图 8.7.40

图 8.7.41

8.7.5 使用"液化"滤镜美化人物形体

下面通过一个具体实例来讲解使用"液化"滤镜美化人物形体的操作方法。在制作之前需要使用冻结蒙版工具 选择被保护的区域，然后再用向前变形工具 进行瘦身操作。其具体操作步骤如下：

（1）打开所需的人物素材图像文件"8.7.42.jpg"（如图 8.7.42 所示），目的是让人物变得更苗条一些，脸更小一些。

（2）执行"滤镜"＞"液化"命令，打开"液化"对话框，单击对话框左侧工具箱子中的冻结蒙版工具 ，在对话框右侧的"工具选项"区域设置笔刷大小，然后用冻结蒙版工具 在预览图像窗口中绘制冻结区域，效果如图 8.7.43 所示。

（3）在"液化"对话框左侧的工具箱中选择向前变形工具 ，在对话框右侧的"工具选项"区域设置笔刷大小，然后将光标移至预览图像窗口中，放置在人物腰部左侧，按下鼠标左键并向右拖曳，此时可以看到人物的腰部变得纤细了，如图 8.7.44 所示。

图 8.7.42　　　　　　　　　图 8.7.43　　　　　　　　　图 8.7.44

（4）再次使用向前变形工具 ，继续将人物腰部右侧向左侧拖曳，使人物腰部变得纤细自然，如图 8.7.45 所示。

（5）用同样的方式对人物的脸部进行操作，如果对效果满意，则单击"确定"按钮即可，效果如图 8.7.46 所示。

图 8.7.45　　　　　　　　　　　　　　图 8.7.46

📖 | 提 示

如果对效果不满意，可以按<Alt>键，此时"确定"按钮被"复位"按钮所替换，这样就可以重新对图像进行操作了。

课后作业

一、选择题

（1）在图 8.8.1 中，图（a）为原图，图（b）为处理以后的图像，这种变化使用了（　　　）滤镜效果。

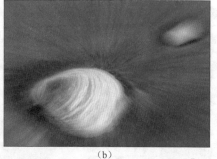

图 8.8.1

A．高斯模糊　　　B．动感模糊　　　C．径向模糊　　　　D．特殊模糊

（2）在图 8.8.2 中，图（a）到图（b）可用（　　）滤镜就可一步实现。

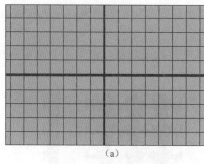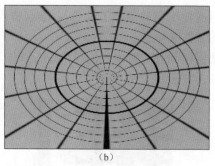

图 8.8.2

A．旋转扭曲　　　B．切变　　　　　C．挤压　　　　　　D．极坐标

（3）在图 8.8.3 中，图（b）选区中的图像是图（a）选区中图像经过（　　）扭曲化处理的结果。

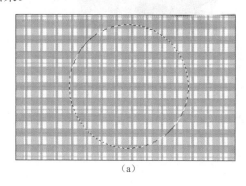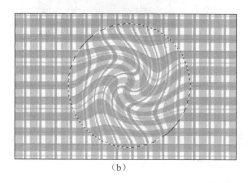

图 8.8.3

A．旋转扭曲　　　　B．极坐标　　　　C．切变扭曲　　　　D．玻璃扭曲

二、问答题

（1）木刻滤镜和水彩滤镜分别有什么作用？

（2）如何为图像添加从上到下的吹风效果？

三、上机题

（1）使用"消失点"滤镜，将图 8.8.4 中的人物去除掉。

图 8.8.4

（2）使用旋涡图案，使效果如图 8.8.5 所示。

（3）制作抽象视觉效果，使效果如图 8.8.6 所示。

图 8.8.5

图 8.8.6

第9章

综合实例演练

9.1 综合实例一：制作水晶球里的精灵

本例的目标是由素材图 9.1.1 及图 9.1.2 得到如图 9.1.3 所示的效果。

图 9.1.1

图 9.1.2

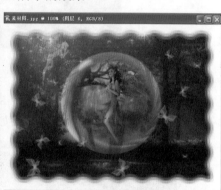

图 9.1.3

1. 自制水晶球

（1）打开一张风景图片，选择"椭圆选框工具"（设置羽化值为"1"），按住<Shift>键在适当位置画出一个正圆，然后按<Ctrl+J>组合键 2 次，复制 2 个正圆。

（2）关闭"图层 1 副本"的可视性，选择"图层 1"，按住<Ctrl>键同时单击"图层 1"激活选区。执行"滤镜" > "扭曲" > "球面化"命令，在弹出的对话框中设置参数，如图 9.1.4 所示。按<Ctrl+F>组合键 1 次，做出球面效果，如图 9.1.5 所示。

图 9.1.4 　　　　　　　　　　　　　　　　图 9.1.5

（3）不要取消选择，单击选择"图层 1 副本"，执行"滤镜"＞"扭曲"＞"旋转扭曲"命令，在弹出的对话框中设置角度为 999，效果如图 9.1.6 所示。

（4）执行"选择"＞"修改"＞"收缩"命令，在弹出的对话框中设置收缩量为 15，再执行"选择"＞"羽化"命令，在弹出的对话框中设置羽化半径为 10，然后按<Delete>键删除选区内的内容，效果如图 9.1.7 所示。

图 9.1.6 　　　　　　　　　　　　　　　　图 9.1:7

（5）按<Ctrl+M>组合键打开"曲线"对话框，调高"图层 1 副本"的亮度，参数设置如图 9.1.8 所示。然后，可用"橡皮擦"工具（画笔大小：35 左右，不透明度：15 左右）涂抹"图层 1"球的边缘，使水晶球边缘看上去柔和一些，效果如图 9.1.8 所示。

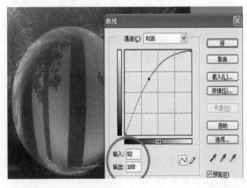

图 9.1.8

2．将精灵合成到水晶球中

（6）打开一张"精灵"图片，选择"椭圆选框工具"（羽化：10），同样按住<Shift>键选取对象。然后用"移动"工具将选区直接拖曳到背景图片中并调整到合适位置，缩放到合适大小。

（7）调整"图层 2"的不透明度为 75%，为它添加图层蒙版，选择"画笔工具"（不透明度为：25%），将精灵图片修整一下，使它看起来与水晶球自然地融合在一起，参数设置如图 9.1.9 所示。

3．用画笔修饰画面

（8）新建"图层 3"。选择"椭圆选框工具"（羽化：5），在水晶球右上角画出选区，然后使用"渐变工具"（由白色到透明渐变）为水晶球加上高光。按<Ctrl+T>组合键将水晶球旋转并移动到合适位置上。最终效果如图 9.1.10 所示。

图 9.1.9 图 9.1.10

（9）在画面中所用的星光与蝴蝶等都是特色笔刷，不是系统自带，故使用时需要加载。加载的方法为：选择画笔工具，然后点击选项栏中 画笔 ▾ 中的倒三角形按钮，在出现的面板中单击 ▸ 按钮，然后选择载入画笔命令，在弹出的对话框中选择素材中所给的"星光.abr"和"蝴蝶.abr"文件，对特色笔刷进行加载。加载好的笔刷会出现在画笔样式列表中，如图 9.1.11 所示。

（10）使用"画笔工具"选择一个"星光"笔刷，选择白色，为水晶球加上闪光（注意画笔的大小和不透明度）。

（11）再选择一个"蝴蝶"笔刷，选择白色，在画面涂抹出蝴蝶飞舞的效果（注意画笔的大小和不透明度）。用压力较小的"橡皮擦工具"将蝴蝶擦出层次感，效果如图 9.1.12 所示。

4．制作边框

（12）用"圆角矩形工具"画出略小于图片的选区，按<Ctrl+Enter>组合键激活选区。执行"选择"＞"反选"命令，在英文输入法状态下，按下快速蒙版快捷键<Q>，执行"滤镜"＞"扭曲"＞"波浪"命令，参数设置如图 9.1.13 所示。

（13）执行"滤镜"＞"像素化"＞"碎片"命令 2 次，效果如图 9.1.14 所示；再执行"滤镜"＞"锐化"命令 1 次，然后按下<Q>键，退出快速蒙版 （在英文输入法状态下），效果如图 9.1.15 所示。

（14）选择自己喜欢的颜色，用<Alt+D>组合键将前景色填充到选区中去，按<Ctrl+D>组合键取消选择。至此本例全部完成，最终效果如图 9.1.16 所示。

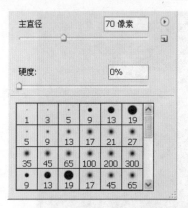

图 9.1.11

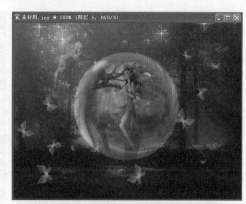

图 9.1.12

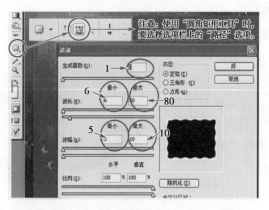

图 9.1.13

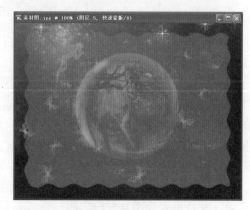

图 9.1.14

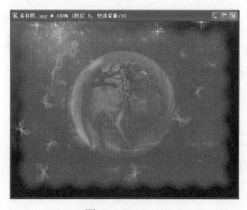

图 9.1.15

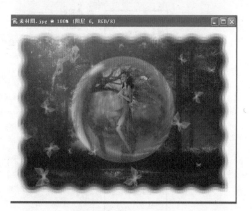

图 9.1.16

9.2 综合实例二：高仿真质感的苹果制作

本例通过综合应用 Photoshop CS 3 的绘图手段制作一个效果非常逼真的苹果，如图 9.2.1 所示。

图 9.2.1

（1）新建一个 800 像素×800 像素的空白文档，注意模式选择为 RGB，分辨率为 300 像素/英寸。

（2）将背景层设为不可见，新建一个图层，命名为"苹果"，用"椭圆选框工具"创建一个接近圆形的选区。接着选择工具面板的"渐变工具"，选择"径向渐变"模式，前景色使用#eeff22、背景色使用#ff3300，在"苹果"图层填充选区，确保得到如图 9.2.2 所示的效果（注意保持选区不要取消）。

（3）双击"苹果"图层图标，为图层添加一个"内阴影"图层样式，参数设置如图 9.2.3 所示。

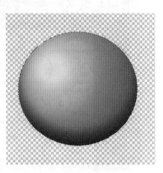

图 9.2.2

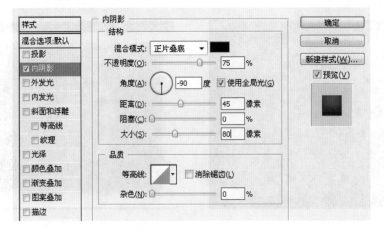

图 9.2.3

（4）新建一个图层，命名为"苹果纹理"。继续使用第 2 步中选定的前、背景色，先执行"滤镜">"渲染">"云彩"命令，再执行"滤镜">"模糊">"动感模糊"命令，弹出"动感模糊"对话框，参数设置如图 9.2.4（a）所示。然后执行"滤镜">"扭曲">"球面"命令，弹出"球面化"对话框，参数设置如图 9.2.4（b）所示，最后设置图层的混合模式为柔光，这样就得到了苹果的材质。滤镜设置和最后效果如图 9.2.4（c）所示。

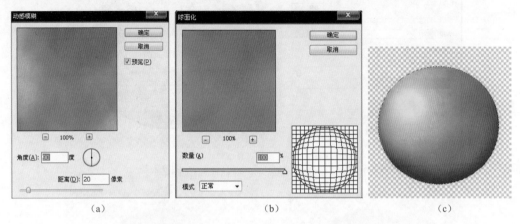

图 9.2.4

（5）在图层面板上新建一个图层，命名为"斑点"。选择"画笔工具"，设置前景色为# f2ff88，设置主直径为 5 像素，硬度为 100%，在苹果表面添加一些斑点效果使得苹果皮更为逼真，记住一个斑点只需画一笔，不用多。然后再设置主直径为 3 像素，添加更多的小斑点。执行"滤镜">"模糊">"动感模糊"命令，弹出"动感模糊"对话框，设置角度为 90 度、距离为 90 像素。然后再次执行"滤镜">"扭曲">"球面化"命令，弹出"球面化"对话框，设置数量为 100、混合模式正常并应用。设置"斑点"图层混合模式为叠加，按<Ctrl+D>组合键取消选区，效果如图 9.2.5 所示。

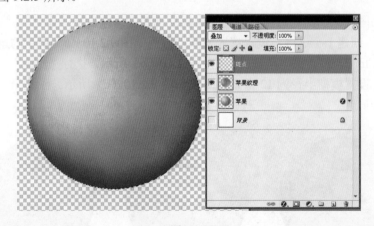

图 9.2.5

（6）在顶部新建一个图层，命名为"凹陷"，设置图层模式为"正片叠底"，使用"椭圆选区工具"画一个选区，选择"渐变工具"设置黑色到白色透明的渐变色，颜色设置如图 9.2.6 所示。按如图 9.2.7 所示填充选区，然后使用高斯模糊，设置半径为 3 像素并进行模糊，按

<Ctrl+D>组合键取消选区，效果如图 9.2.8 所示。最后使用工具面板上的"减淡工具"，对椭圆上部界限明显的地方进行减淡操作，最后效果如图 9.2.9 所示。

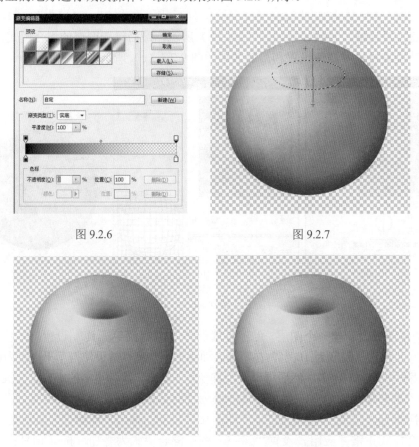

图 9.2.6   图 9.2.7

图 9.2.8   图 9.2.9

（7）现在为图像添加高光效果，在图层面板顶部新建一个图层，命名为"高光 1"。使用"椭圆选区工具"创建一个选区，设置选区相减，得到如图 9.2.10（a）所示的选区。使用白色填充选区，按<Ctrl+D>组合键取消选区，如图 9.2.10（b）所示。执行"滤镜">"模糊">"高斯模糊"命令，设置模糊半径为 12 像素，效果如图 9.2.10（c）所示。到此第一个下半部分的高光就做好了。

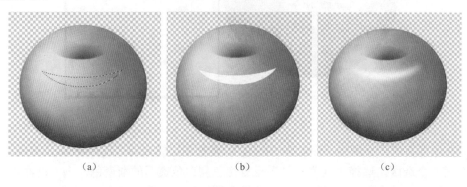

（a）   （b）   （c）

图 9.2.10

（8）现在再来做上半部分的高光。仍然在图层面板顶部新建一个图层，命名为"高光2"，按如图 9.2.11 所示使用"椭圆选区"工具设置选区相减并创建一个选区，以白色填充。接着和步骤（7）一样用高斯模糊，半径为 8 像素。这样就为苹果的顶部添加了高光效果，效果如图 9.2.11（c）所示。

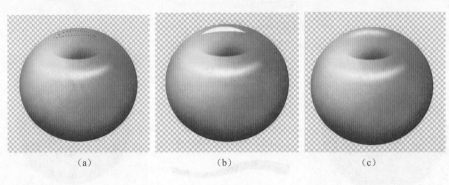

图 9.2.11

（9）在顶部新建一个图层，命名为"背光"，在按<Ctrl>键的同时单击"苹果"图层载入选区，填充选区为白色。点击工具面板上的选区工具，按键盘上的→8 下，注意这一步是移动选区，然后按<Delete>键删除内容，如图 9.2.12（a）所示。再次按<Ctrl>键并同时单击"苹果"图层载入选区，执行"滤镜"＞"模糊"＞"高斯模糊"命令，设置半径为 7 像素并应用，效果如图 9.2.12（b）所示。用<Ctrl+D>组合键取消选择，选用橡皮擦工具，设置主直径为 180 像素，硬度为 0%，删除背光的下半部分，如图 9.2.12（c）所示中圆圈所标出的位置。

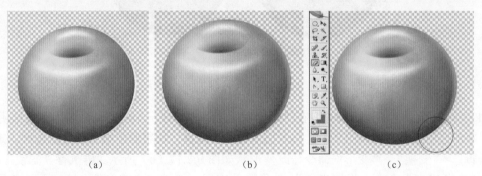

图 9.2.12

（10）现在来做苹果柄的立体效果，其需要两个图层。

新建一个图层，命名为"柄实体"，使用"钢笔工具"，在顶部工具栏设置为路径模式，从上到下做一路径之后用转换点工具并将路径修改成一条弧线，以此作为苹果的果柄，如图 9.2.13 所示。单击工具面板上的"画笔工具"，打开画笔调板定义画笔，参数设置如图 9.2.14 所示。在"画笔笔尖形状"一项，设置直径为 25 像素，硬度为 100%，设置前景色为#884411，选择路径面板并右键单击工作路径，选择描边路径命令，用画笔描边，结果如图 9.2.15 所示。

（11）现在做果柄的高亮部分。在图层面板顶部新建一个图层，命名为"果柄高亮"，点击工具面板上的画笔工具，重新定义画笔设置，在"画笔笔尖形状"一项设置直径为 8 像素，其他参数同步骤（10）的操作。选择前景色为白色，再次对步骤（10）的路径以同样方法进行描边。最后执行"滤镜">"模糊">"高斯模糊"命令，设置半径为 3 像素，效果如图 9.2.16（a）所示。按<Ctrl+E>组合键将"果柄高亮"和"果柄"图层合并，并将果柄下端擦除一部分使其与凹陷阴影下沿吻合，如图 9.2.16（b）所示。

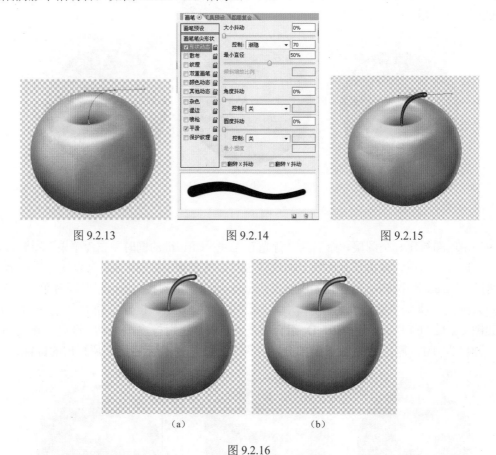

| 图 9.2.13 | 图 9.2.14 | 图 9.2.15 |

（a）　　　　　　　　（b）

图 9.2.16

（12）现在做果柄的阴影部分。在"果柄"图层下方新建一个图层，命名为"果柄阴影"。使用"矩形选区工具"按如图 9.2.17（a）所示做一个选区，使用黑色填充后取消选区。接着执行"编辑">"变换">"变形"命令，改变形状如图 9.2.17（b）所示。再执行"滤镜">"模糊">"高斯模糊"命令，设置半径为 8 像素并应用。选择橡皮擦工具，选一个柔角画笔，清除阴影超出苹果主体的部分，效果如图 9.2.18 所示。

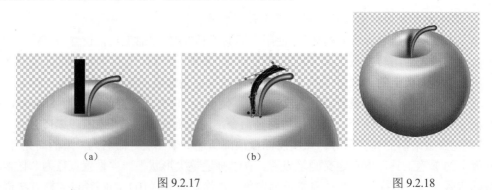

（a）　　　　　　　　（b）

| 图 9.2.17 | 图 9.2.18 |

（13）现在为苹果增加光泽效果。创造一个类似窗户的反光效果，使苹果更生动、更富质感。步骤如下：在所有图层之上新建一个图层，命名为"反光"，使用"矩形选区工具"按如图 9.2.19 所示创建选区，再设置选区相减，用两个矩形选区将选区分割成如图 9.2.20 所示的 4 个选区。

图 9.2.19　　　　　　　　　　　　图 9.2.20

选择渐变工具，使用透明白色到白色的渐变（颜色设置如图 9.2.21 所示），按照如图 9.2.22 所示的填充方法从下面两个选区底端到顶端拉一根填充线，填充做好的 4 个选区，取消选区并使用高斯模糊设置模糊半径为 10 个像素，结果如图 9.2.23 所示。

图 9.2.21　　　　　　　　　图 9.2.22　　　　　　　　　图 9.2.23

接下来对矩形进行变换，首先执行"编辑"＞"变换"＞"旋转"命令，将矩形角度调整到与苹果轮廓曲线吻合，效果如图 9.2.24 所示；然后再执行"编辑"＞"变换"＞"变形"命令，调整弧度，如图 9.2.25 所示；最后移动到合适位置，效果如图 9.2.26 所示。

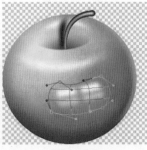

图 9.2.24　　　　　　　　　图 9.2.25　　　　　　　　　图 9.2.26

（14）现在制作投影阴影。在背景层之上新建一个图层，命名为"投影"，用"椭圆选区工具"绘制一个椭圆选区，填充黑色，如图 9.2.27 所示。按<Ctrl+D>组合键取消选区，执行高斯模糊滤镜命令，半径设为 50 像素，然后进行相应移动，将背景层设为可见，效果如图 9.2.28 所示。

图 9.2.27   图 9.2.28

（15）双击背景层，将背景层改为图层 0，使用颜色#3aa500 为背景层填充颜色，如图 9.2.29 所示。然后在"图层 0"之上新建一个"扩散投影"图层，用"椭圆选区工具"画一个选区，使用颜色#003300 填充，取消选区后使用"高斯模糊滤镜"，设置半径为 75 像素并应用，效果如图 9.2.30 所示。

图 9.2.29   图 9.2.30

图 9.2.31

（16）现在完成的苹果比较圆，与真实的苹果形状有差别，接下来就对它进行一些调整。先将背景和投影图层设为不可见，执行"图层">"合并可见层"命令，合并所有与苹果有关的图层，然后执行"编辑">"变换">"变形"命令，调整各个节点的位置使得苹果形状更为逼真，如图 9.2.31 所示。

现在苹果会因为刚才的变形而在边缘产生一些不平滑的情况，在按<Ctrl>键的同时单击苹果所在图层载入选区，执行"选择">"修改">"羽化"命令，设置半径为 1 像素。然后按<Ctrl+Shift+I>组合键反选，进行 3～4 次以删除清除不平滑的部分。最终得到一个闪亮的、逼真的苹果，最终效果如图 9.2.1 所示。

> **说 明**
>
> 在制作苹果的过程中，读者可以尝试改变颜色，以得到其他颜色和质感的苹果。

9.3　综合实例三：数码照片艺术化处理

Photoshop 强大的图像处理功能在数码摄影领域中运用得非常普遍，用户可以尽情发挥想象力，将各种数码照片修饰得更加完美，甚至能够制作出意想不到的画面。下面制作如图 9.3.1 所示的艺术照片的处理效果。

（1）新建一个 800 像素×600 像素的空白文档，RGB 模式，分辨率为 96px。

（2）将前景色设置为黄色（#fbf679），背景色设置为淡黄色（#fff9b1）。执行"滤镜"＞"渲染"＞"云彩"命令，应用"云彩"滤镜，其效果如图 9.3.2 所示。

图 9.3.1　　　　　　　　　　　　　　　　图 9.3.2

（3）新建"图层 1"，然后打开"1.jpg"文件，如图 9.3.3 所示，利用"定义画笔预设"命令将整幅图像定义为画笔。

（4）选择"自定形状工具"，在其工具属性栏单击"路径"按钮，然后设置"形状"为"画框 7"，利用该工具在图像窗口中绘制路径，如图 9.3.4 所示。

（5）利用"直接选择工具"选中位于内侧的路径，按<Delete>键将其删除，得到如图 9.3.5 所示的路径。

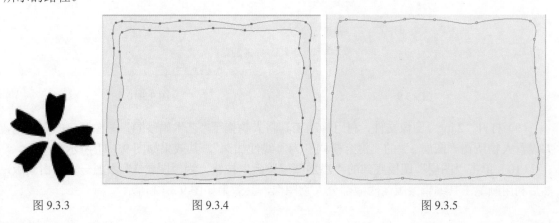

图 9.3.3　　　　　　　　　　　图 9.3.4　　　　　　　　　　　图 9.3.5

（6）选择"画笔工具"，在其工具属性栏中的笔刷下拉面板中选择自定义的笔刷，并在工具属性栏中设置"模式"为"正片叠底"，然后利用"画笔"调板设置笔刷特性，如图 9.3.6～图 9.3.8 所示。

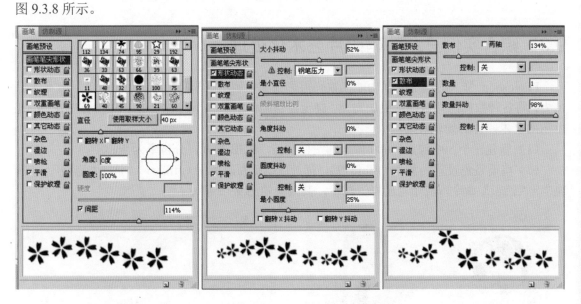

图 9.3.6　　　　　　　　　图 9.3.7　　　　　　　　　图 9.3.8

（7）设置前景色为橙色（#f9de26），背景色为浅橙色（#fff9b1），在"路径"调板中，单击底部的"有画笔描边路径"按钮描边路径，取消路径显示后得到如图 9.3.9 所示的效果。

（8）将前景色设置为白色并新建"图层 2"。利用"画笔工具"在图像窗口的右下角绘制白色花瓣，其效果如图 9.3.10 所示（绘制时需要设置画笔"模式"为"柔光"，并适当降低不透明度）。

图 9.3.9　　　　　　　　　　　　　　图 9.3.10

（9）打开"2.jpg"图像文件，利用移动工具将人物拖至"艺术婚纱照"图像窗口的右上角，并设置人物所在"图层 3"的"混合模式"为"线性加深"，其效果如图 9.3.11 所示。

（10）单击"图层"调板底部的"添加图层蒙版"按钮，为"图层 3"添加一个空白蒙版，然后利用画笔工具编辑蒙版，隐藏部分人物图像，其效果如图 9.3.12 所示。

图 9.3.11　　　　　　　　　　　　图 9.3.12

（11）将前景色设置为橙色（#f6bf6c），背景色设置为白色，并新建"图层 4"。利用"钢笔工具"绘制如图 9.3.13 所示的路径并用"路径选择工具"同时选中第一条和第三条子路径。

（12）用鼠标右键单击"路径"，从弹出的菜单中选择"填充子路径"项，在随后打开的"填充子路径"对话框中设置填充参数，如图 9.3.14 所示。

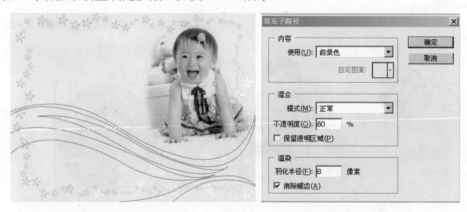

图 9.3.13　　　　　　　　　　　　图 9.3.14

（13）利用"路径选择工具"选中第二条和第四条路径，然后按照与步骤（12）相同的操作方法用白色填充路径，参数设置如图 9.3.15 所示，得到的效果如图 9.3.16 所示。

图 9.3.15　　　　　　　　　　　　图 9.3.16

（14）打开"3.jpg"和"4.jpg"图像文件，利用椭圆选框工具分别选中部分图像，如图 9.3.17及图 9.3.18 所示，将其复制到"艺术婚纱照"图像文件中，放在如图 9.3.19 所示的位置。

图 9.3.17   图 9.3.18   图 9.3.19

（15）依次创建"图层 5"和"图层 6"的选区并稍微与圆形图像错位，然后分别在它们的下方创建"图层 7"和"图层 8"并填充橙色（#fb9c0d），制作出圆形图像的阴影效果，如图 9.3.20 所示。

（16）利用椭圆工具绘制圆形路径，使其与步骤（14）中的圆形图像重叠，如图 9.3.21 所示。

图 9.3.20   图 9.3.21

（17）利用"横排文字工具"在路径上输入文字，文字属性设置及效果分别如图 9.3.22和图 9.3.23 所示。

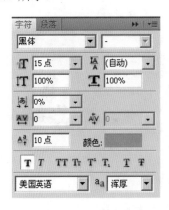

图 9.3.22   图 9.3.23

（18）利用"横排文字工具"输入其他文字，使用"形状工具"在文字 I 上绘制一颗红色的桃心并为所有文字层及形状图层添加"外发光"效果。到此本例就全部完成，效果如图 9.3.24 所示。

图 9.3.24

9.4 综合实例四：梦幻泡泡文字的制作

本例介绍较为综合的图标制作方法，大致分三步来完成：首先是梦幻背景的制作，需要运用渐变和画笔等来完成；然后是泡泡部分的制作，其中重点是高光部分的渲染；最后就是图标主体部分的制作，作者制作的是立体字效果，跟其他立体字制作方法类似。最终效果如图 9.4.1 所示。

图 9.4.1

（1）新建一个 800 像素×600 像素的文档，选择渐变工具颜色设置如图 9.4.2 右侧所示，然后从左至右拉出线性渐变作为背景。

（2）新建一个图层，命名为"背景光 1"，填充 50%灰色，然后执行"滤镜" > "渲染" > "光照效果"命令，弹出"光照效果"对话框，参数设置如图 9.4.3 所示。

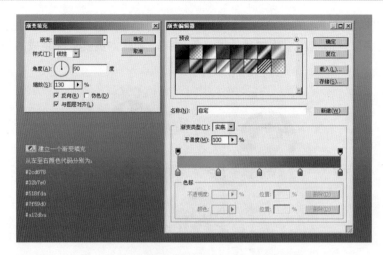

图 9.4.2

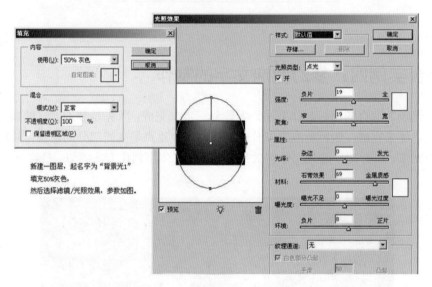

图 9.4.3

（3）复制"背景光 1"图层，命名为"背景光 2"，分别设置这两个图层的叠加方式和不透明度，具体设置如图 9.4.4 所示。

图 9.4.4

（4）新建一个图层，命名为"斜线光"，填充黑色。执行"滤镜" > "渲染" > "云彩"命令，单击"确定"后再执行"滤镜" > "模糊" > "动感模糊"命令，参数设置如图 9.4.5 所示。

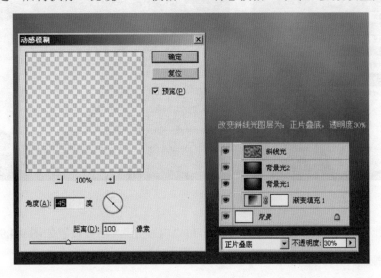

图 9.4.5

（5）新建一个图层，命名为"背景光点"，选择"画笔工具"，笔刷大小为 170，再调出画笔属性面板，设置形状动态和散布，参数设置如图 9.4.6 所示。

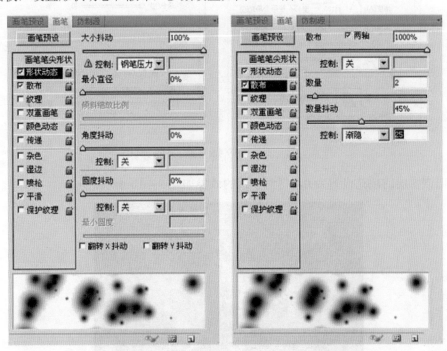

图 9.4.6

（6）用画笔按 45°画一笔，复制背景光点两次，分别设置叠加方式如图 9.4.7 所示。
（7）新建一个图层，用"椭圆画笔工具"画一个圆，颜色为黄灰色，如图 9.4.8 所示。

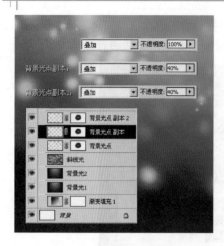

图 9.4.7　　　　　　　　　　　　　图 9.4.8

（8）为圆圈添加图层样式，设置"投影"和"内发光"，参数设置如图 9.4.9 所示。

为圆圈图层添加样式：投影和内发光。

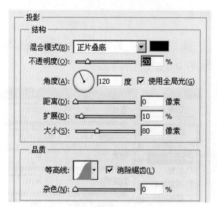

图 9.4.9

（9）把该图层的填充设置为 0，得到剔透的效果如图 9.4.10 所示。

图 9.4.10

（10）新建一个图层，用"圆角矩形工具"设置半径为 15，画出 4 个圆角矩形，合并图层。然后执行"滤镜"＞"扭曲"＞"球面化"命令，得到如图 9.4.11 所示的效果。再用"变形工具"和蒙版调整好弧度和边缘的过渡，确定后把图层的不透明度设为 60%，如图 9.4.11 所示。

（11）新建一个图层，命名为"光斑"，用"椭圆画笔工具"画出如图 9.4.12 左边所示的高光图形，填充白色，然后执行"滤镜"＞"模糊"＞"高斯模糊"命令，数值为 5，确定后把图层的不透明度改为 60%，如图 9.4.12 所示。

图 9.4.11

图 9.4.12

（12）新建一个图层，命名为"球形光"，用"椭圆画笔工具"画一个稍小的白色圆，如图 9.4.13 所示。

（13）添加图层蒙版，擦掉中间部分，再把图层的不透明度改为 50%，效果如图 9.4.14 所示。

图 9.4.13

图 9.4.14

（14）新建一个图层，用"钢笔工具"勾出如图 9.4.15 所示的图形，转为选区后填充白色，效果如图 9.4.15 所示。

（15）添加图层蒙版，图层混合模式设置为"叠加"，不透明度设为 50%，如图 9.4.16 所示。

图 9.4.15

图 9.4.16

（16）新建一个图层，用"钢笔工具"画出如图 9.4.17 所示的图形，填充白色。

（17）再次添加图层蒙版，使其渐变，图层混合模式设置为"叠加"，不透明度设为 30%，效果如图 9.4.18 所示。

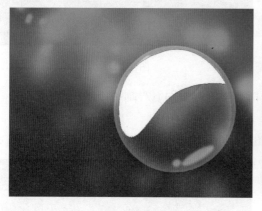

图 9.4.17

图 9.4.18

（18）在圆圈中输入字母"Z"，调整好大小，这里使用的字体是"Arial Rounded MT Bold"，效果如图 9.4.19 所示。

图 9.4.19

（19）给文字添加图层样式，设置投影和渐变叠加，参数设置如图 9.4.20 所示。

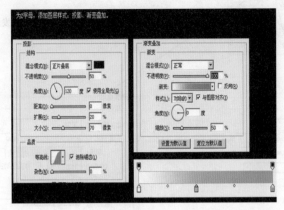

图 9.4.20

（20）把文字图层复制 3 层，每复制一次就上移一点，如图 9.4.21 所示。

图 9.4.21

（21）将这四个文字图层分别改名为：Z 顶部、Z 质感 1、Z 质感 2、Z 底部。需要注意的是最上面 3 层去掉投影效果，因为只需要底部有阴影就够了，效果如图 9.2.22 所示。将最上面一层文字图层"Z 顶部"文字的图层样式设置外发光和渐变叠加，参数设置如图 9.4.23 所示，效果如图 9.4.24 所示。

图 9.4.22

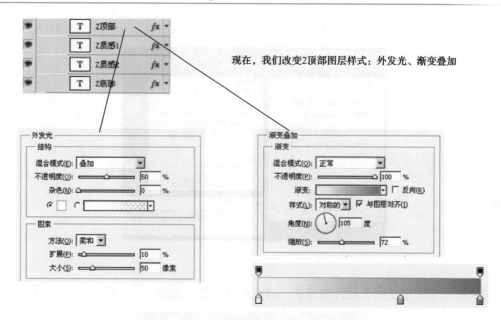

现在，我们改变Z顶部图层样式：外发光、渐变叠加

图 9.4.23

图 9.4.24

（22）下面给文字添加细节，过程如图 9.4.25 和图 9.4.26 所示。

图 9.4.25

（23）使用大像素的画笔，颜色为白色并用画笔在圆圈的边缘点一下，得到 5 个光点，如图 9.4.27 所示。把混合模式改为"叠加"，如图 9.4.28 所示。

（24）新建一个图层，命名为"阴影"，用"椭圆画笔"工具画一个黑色椭圆，如图 9.4.29 所示。

图 9.4.26　　　　　　　　　　　　　　图 9.4.27

图 9.4.28　　　　　　　　　　　　　　图 9.4.29

（25）执行"滤镜" > "模糊" > "高斯模糊"命令，参数值设为 8，确定后把图层混合模式改为"正片叠底"，"不透明度"设为 55%，效果如图 9.4.30 所示。

（26）最后一步是给图标增加倒影，效果如图 9.4.31 所示。

图 9.4.30　　　　　　　　　　　　　　图 9.4.31

课后作业

一、上机题

（1）制作中国和奥运会旗帜。

（2）设计一套 MP3/CD/VCD 等类的包装和宣传画。

（3）设计一个影视类海报效果（内含胶片样式效果）。

参 考 文 献

[1] 左力，上官芬．Photoshop 平面设计基础案例教程[M]．成都：西南交通大学出版社，2009.

[2] 朱丽静．Photoshop 平面设计．精品教程[M]．北京：光明出版社，2008.

[3] 思维数码．从新手到高手：中文版 Photoshop CS4 图像处理[M]．北京：希望电子出版社，2009.